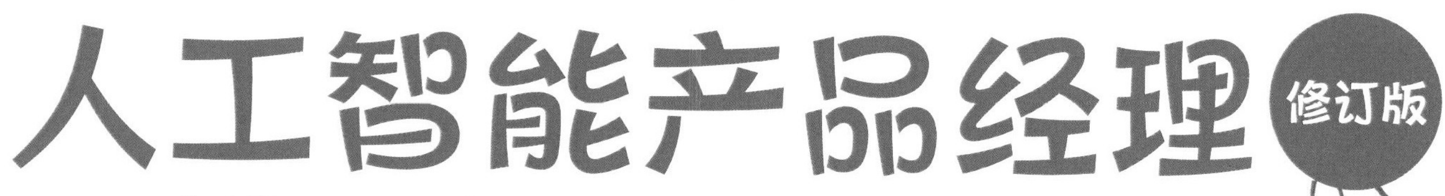

AI时代PM修炼手册阅读导图

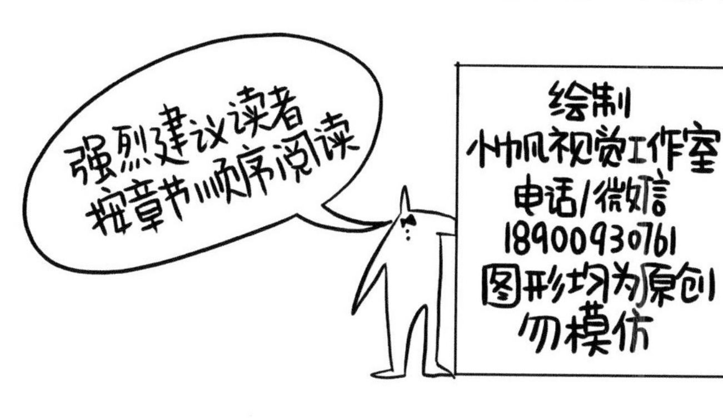

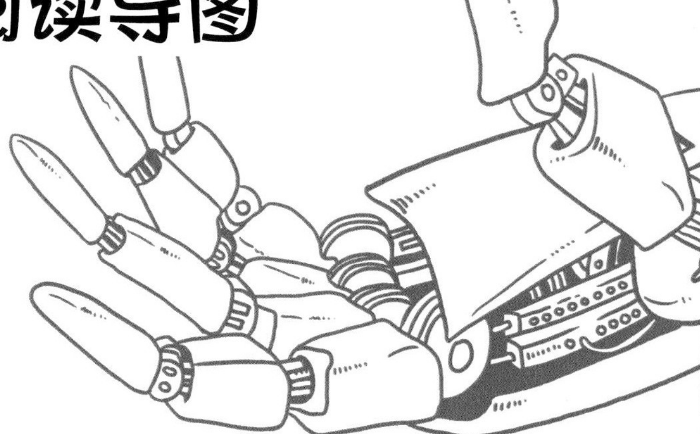

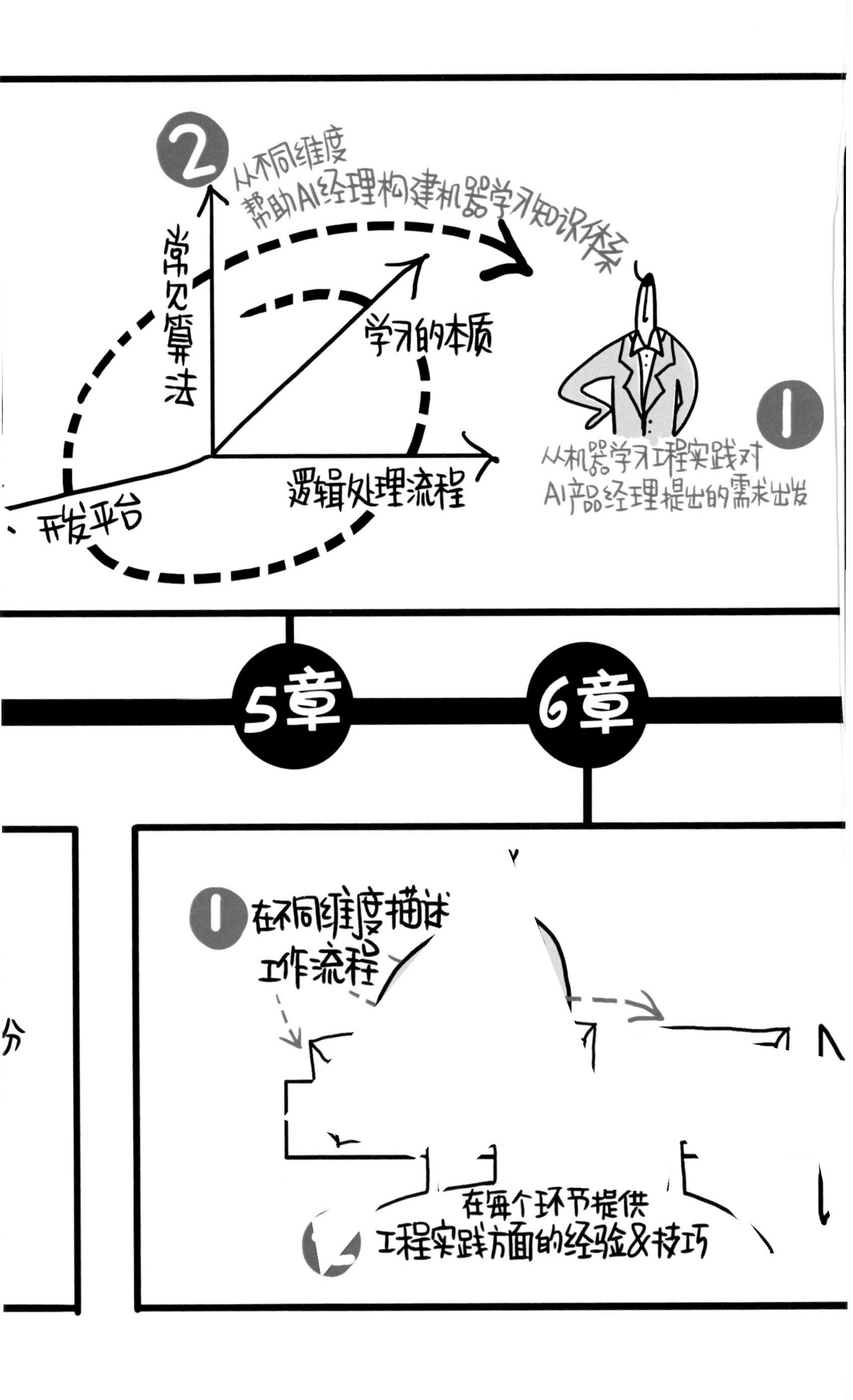

从不同维度
帮助AI经理构建机器学习知识体系
常见算法
学习的本质
开发平台
逻辑处理流程
从机器学习工程实践对
AI产品经理提出的需求出发
5章
6章
分
在不同维度描述
工作流程
在每个环节提供
工程实践方面的经验&技巧

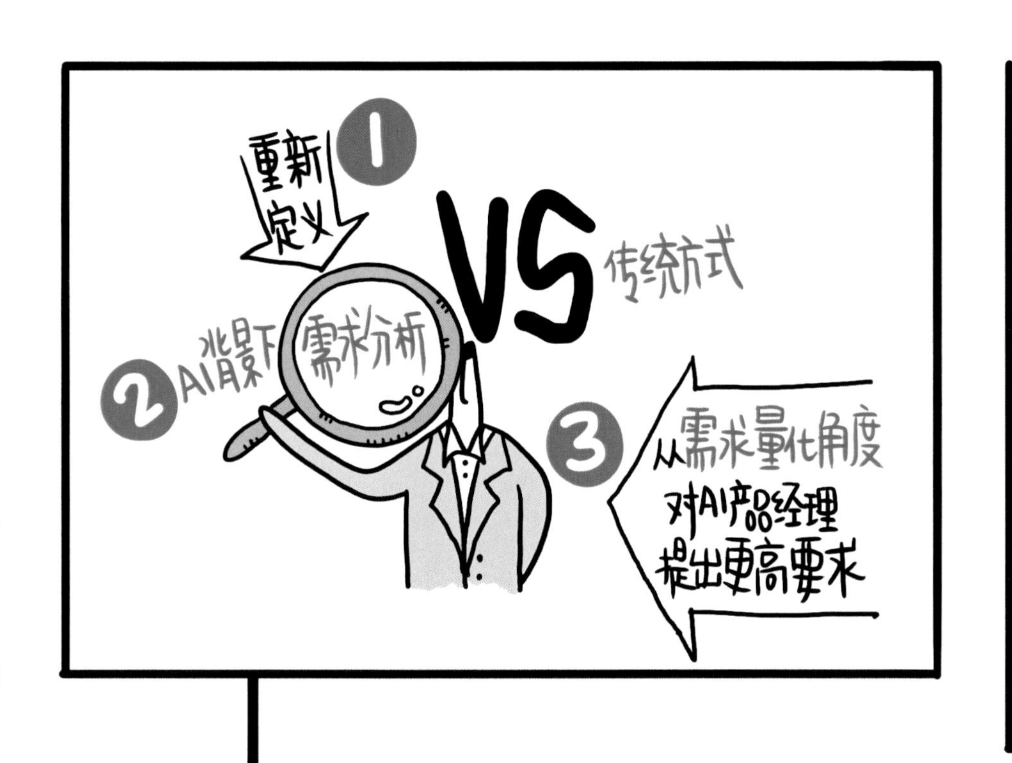

1
重新定义
VS
传统方式
2 AI背景下
需求分析
3 从需求量化角度
对AI产品经理
提出更高要求

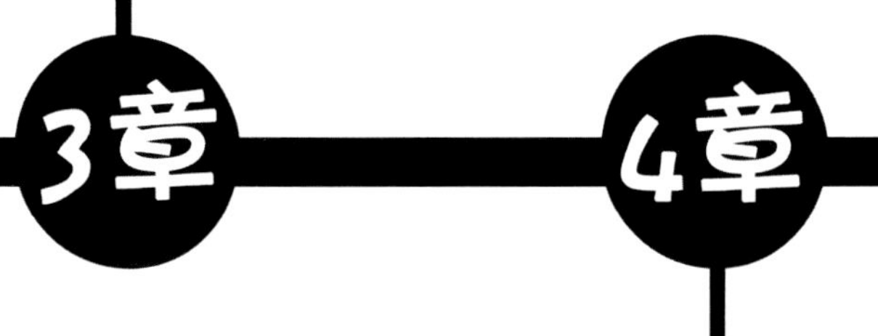

3章
4章

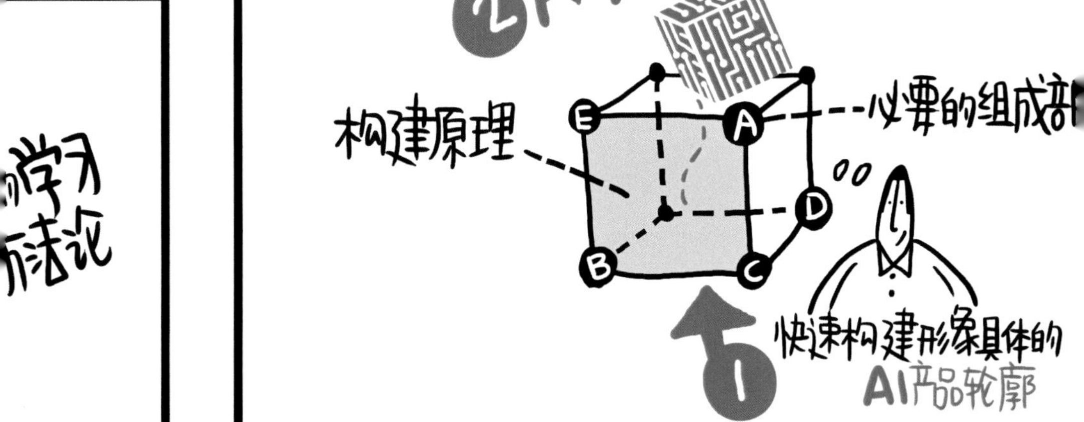

2 AI产品
构建原理
必要的组成部
1 快速构建形象具体的
AI产品轮廓
学习
方法论

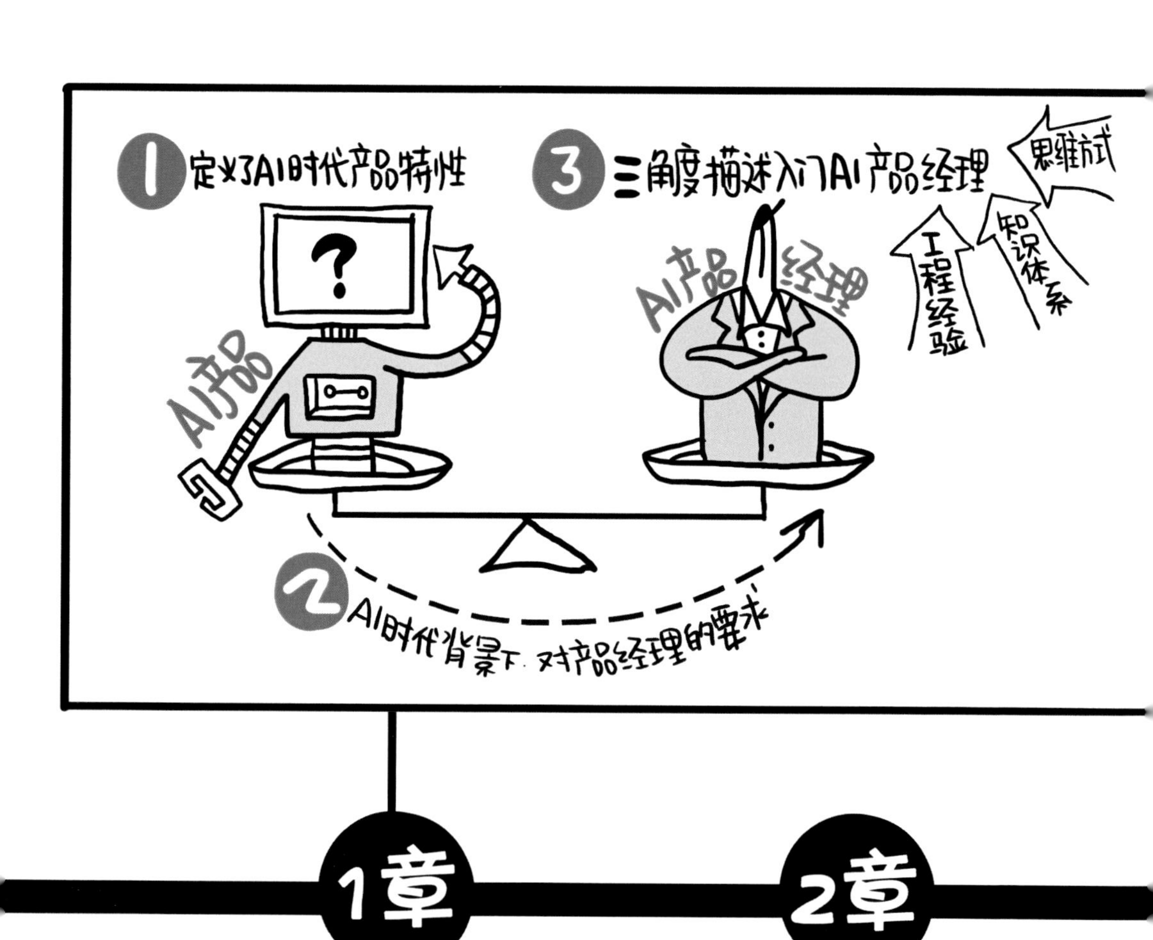
1 定义了AI时代产品特性
3 三角度描述入门AI产品经理
思维方式
知识体系
工程经验
AI产品
AI产品经理
2 AI时代背景下，对产品经理的要求
1章
2章

1
行业知识
经验
有何价值?
AI产品经理
2 什么是行业专家
3 成为行业专家
&实践

人工智能产品经理

AI时代PM修炼手册（修订版）

张竞宇◎著

電子工業出版社
Publishing House of Electronics Industry
北京•BEIJING

内 容 简 介

从取代简单机械的重复劳动到辅助内容创作、医药开发、科学实验，人工智能产品正以惊人的速度在各行业大展拳脚，预示着人类即将进入一个全新的发展阶段。本书通过浅显易懂的语言帮助你理解人工智能产品是什么，人工智能产品是怎么创造出来的以及人工智能产品是如何进行创新迭代的。

人工智能行业的快速发展对产品经理提出了更高的要求，产品经理需要具备的专业技能是广泛的，从产品设计、开发、营销到服务，无一不包括在内。产品经理需要对人工智能的原理、应用场景、发展潜力等有扎实的了解，这样才能够将人工智能的优势转化为产品的优势。

本书从知识体系、能力模型、沟通技巧等方面帮助大家系统地梳理了人工智能产品经理所必备的基本素质和技能，旨在帮助产品经理找到转型升级的最佳学习路线，以成为合格的人工智能产品经理。

本书适合现阶段从事产品经理工作的人士转型做人工智能产品时学习，适合以人工智能产品经理为职业理想的人士阅读。另外，人工智能领域的企业负责人和技术骨干也适合阅读本书，以了解企业的技术人才需求。

图书在版编目（CIP）数据

人工智能产品经理：AI 时代 PM 修炼手册 / 张竞宇著. —修订本. —北京：电子工业出版社，2023.1

ISBN 978-7-121-44760-0

Ⅰ. ①人… Ⅱ. ①张… Ⅲ. ①人工智能—研究 Ⅳ. ①TP18

中国版本图书馆 CIP 数据核字（2022）第 244731 号

责任编辑：林瑞和
印　　刷：北京七彩京通数码快印有限公司
装　　订：北京七彩京通数码快印有限公司
出版发行：电子工业出版社
　　　　　北京市海淀区万寿路 173 信箱　　邮编：100036
开　　本：720×1000　1/16　印张：13.25　字数：201.2 千字　彩插：1
版　　次：2018 年 6 月第 1 版
　　　　　2023 年 1 月第 2 版
印　　次：2025 年 5 月第 13 次印刷
定　　价：79.00 元

凡所购买电子工业出版社图书有缺损问题，请向购买书店调换。若书店售缺，请与本社发行部联系，联系及邮购电话：（010）88254888，88258888。

质量投诉请发邮件至 zlts@phei.com.cn，盗版侵权举报请发邮件至 dbqq@phei.com.cn。

本书咨询联系方式：（010）51260888-819，faq@phei.com.cn。

前言

当前的互联网科技革命为我们带来了社会生产力的极大进步，拉近了世界各地之间的联系，但也产生了泥沙俱下的效果。今天我们看到的人工智能（Artificial Intelligence，AI）取代的并不是旧的发展技术和发展模式，而是人类本身的劳动和创意。如果你所在行业涉及创作、绘画、剪辑、编曲、配音，你一定会感受到人工智能内容生成（AIGC，AI-Generated Content）技术发展带来的冲击和影响。

为了迎接这样的挑战，我们每一个人都迫切需要基于我们所在行业做一些准备，否则很多工作都会被日新月异的人工智能产品所取代，比如我的一个从事美术设计的朋友就已经掌握了人工智能绘图工具，通过参考人工智能自动生成的作品提升自己的创作灵感。

“学习如何使用人工智能工具不仅仅是为了保住我们目前的工作，而且还能帮助我们更好地完成目前的工作。例如，通过使用人工智能工具生成草图，我们可以减少对于客户需求理解上的误差，并能够更快速、准确地完成设计方案。同时，使用人工智能工具也能帮助我们在高压力的工作中保持专注，避免因为疲劳而出现差错。”

你敢相信吗，上面这段话就是我通过 AIGC 软件在 3 秒内生成的，人工智能不仅从逻辑上延续了我上一段话的内容，而且还从另外一个全新的角度阐明了人工智能给我们的工作带来了怎样的改变。尽管你可以悲观地认为 AIGC 替代人类劳动和创意让人类变得更懒惰，但不得不承认的是，人工智能产品已经开始融入了我们每个人的工作和生活，学会利用人工智能帮助我们提升工作效率和启发我们的灵感创意成为了非常重要的素质和能力。

本书不仅会帮你理解如何利用人工智能，更进一步，还会帮你理解人工智能产品是如何被设计和通过工程化的手段训练出来的。

人类并不缺乏想象力，1818 年世界上第一部科幻小说《弗兰肯斯坦》中就出现了具有意识的人造生命角色。正是由于近几十年来底层基础设施飞跃式的发展让小说中的产品形态逐渐成为了可能。具有超强算力芯片的商用化普及，支持多模态预训练模型的日新月异，针对各垂直行业的专用计算芯片的开发平台的诞生，仿佛让我们看到了类似 1985 年微软发布了 Windows 1.0 后，各类软件创新如雨后春笋般诞生的场景。理解这些基础设施的发展历程和基本原理，并掌握如何利用这些基础设施推进人工智能产品的开发就成为了人工智能产品经理的重要能力。

由于人工智能产品的迭代方式、创新逻辑和自生长特性都与传统的软件产品开发之间有着巨大的鸿沟，因此人工智能行业的职业内涵与互联网或传统软件行业有较大区别。人工智能人才大体上可以被分为以下两类。

- 一类是那些可以实现人工智能技术的工程师，例如算法工程师。根据所要解决的具体场景和问题，又可以再细分为图像处理算法、推荐算法、自动驾驶算法、语音识别算法等方面的工程师。
- 另一类是可以将人工智能技术和行业知识相结合，并通过产品和项目的落地实现最终商业目标的人才。这类人才中很重要的一类职位就是人工智能产品经理。

第一类人才即技术工程师显然成为企业招聘的首要对象，第二类人才比如人工智能产品经理却往往被忽视。

冷静分析一下从科研到商业价值转换的过程，美国麻省理工学院（Massachusetts Institute of Technology）负责科技成果转化为商用价值的部门研究表明：每一美元的科研投入，需要一百美元与之配套的投资（人、财、物），才能把科研成果转化为产品。另外，从产品到商业变现还需要市场运营推广的投入。

1:100 就是纯粹的技术成果到产品落地的距离，而如果再加上市场运营推广的投入，这个比例将会更惊人，如图 0-1 所示。由于人工智能技术在很多领域都还不成熟，再加上赋予了人工智能技术升级后的产品和服务，在当下还并不能保证都被用户认可并转化为商业价值，在这种前提下企业花重金招来了一大批第一类人才而几乎没有第二类人才，风险不言自明。

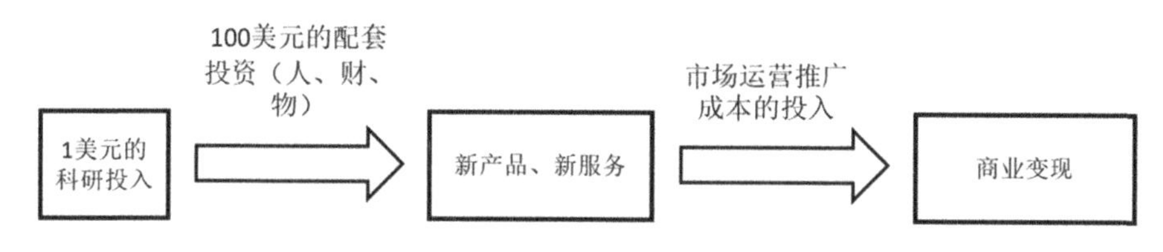

图 0-1　科技成果转化为商业价值的过程

在人工智能时代，技术的快速革新要求企业和产品经理升级旧的认知体系，与时俱进。本书写作的初衷就是帮助企业和产品经理实现这种知识升级，尝试回答以下问题：什么是人工智能产品经理？企业为什么需要人工智能产品经理？伴随着人工智能技术的进步，传统产品经理需要掌握哪些技能和知识才能成为人工智能产品经理？在如今社会分工愈来愈细的背景下，人工智能产品经理如何通过有技巧的沟通，协调公司资源帮助企业规避投资风险、创造商业价值？

路线图

强烈建议读者按照章节顺序阅读，本书严格按照从理论到实践的逻辑进行章节编排，帮助读者重新梳理人工智能产品管理知识体系，内容涉及人工智能产品管理过程中需要的理论知识、技术背景和逻辑、工作流程、沟通技巧、思维方式等。

第 1 章叙述了本书的逻辑基础和背景前提，定义了人工智能时代的产品特性，并描述了在这种时代背景下对产品经理的要求，最后从思维方式、知识体系、工程经验三个角度描述了如何入门这个有挑战性的职业。

第 2 章首先描述了行业知识和经验对于人工智能产品经理的重要价值，其次定义了什么是行业专家，最后为人工智能产品经理提供了一种修炼成为行业专家的学习和实践方法论。

第 3 章重新定义了人工智能产品经理的基础技能“需求分析”，描述了在人工智能时代背景下需求分析工作和传统方式的区别，并从需求量化角度对产品经理提出了更高的要求。

第 4 章描述了人工智能产品的构建原理及必要的组成部分。这一章内容可以帮助读者快速构建形象具体的人工智能产品轮廓，让人工智能产品不再神秘。

第 5 章从机器学习工程实践对人工智能产品经理提出的需求出发，帮助人工智能产品经理从机器学习的本质、逻辑处理流程、常见算法及开发平台等不同维度构建机器学习知识体系。

第 6 章从技术预研、需求分析和产品设计、参与研发过程和产品运营等维度描述产品经理在人工智能产品的工程实践中的工作流程，并在每个环节中都提供了一些工程实践方面的经验和技巧供参考。

第 7 章介绍了一种端到端产品管理方法论，另外还介绍了人工智能产品经理的跨部门沟通技巧，以及一种用“CEO 视角”进行产品管理的思维模式。尽管人工智能产品提升了我们的工作效率、自主产生创意，但人与人的沟通交流的能力在工作过程中却变得更加重要，本章描述了一些比较实用的沟通策略。

你可以从本书中获得什么

如果你目前已经是产品经理，想转型做人工智能产品，那么无论你来自哪个领域，我相信这本书都会给你提供一个看待人工智能产品经理这个职业的全新的角度。本书提供了一种通过人工智能技术解决传统领域问题的思维方式。

另外，本书尝试通过描述人工智能产品的体系架构和设计流程，帮助你建立一种完整的认知体系，这种体系架构和设计流程与你过去的经验相比一定有很多不同之处，这种差异也对想转型的产品经理提出了从能力模型到思维方式的升级需求。除对理论和思维模式的总结外，本书特意准备了人工智能产品的工程实践案例，帮助你消化理解人工智能产品经理的工作流程。本书也描述了产品经理在面临这些新的工作方式和流程时可能会面临的挑战，针对这些挑战提供了相应的解决方案和经验参考。

如果你没有从事过产品经理这个职业，这本书会帮助你构建对这个职业的宏观理解。本书的内容并不包含产品经理的基础专业技能，例如功能与交互设计、用户调研技巧等。尽管这些技能作为产品经理的基本功也非常重要，但是本书倾向于从方法论和思维模式的角度，去分析人工智能产品管理工作中的每个环节，如果你想成为人工智能产品经理，那么可以利用本书提供的这些方法论和思维模式，找到适合自己的工作和学习方法。

如果你是企业主，你会从本书中找到下面这些问题的答案：人工智能产品到底是什么？人工智能时代对传统产品和服务模式造成了什么样的冲击、带来了哪些机遇？如何结合企业的优势实现现有服务和产品的智能升级？企业在挑选人工智能人才时需要重点考察候选人的哪些能力和素质？企业在投资人工智能产品研发时可能会遇到哪些风险？

致谢

写书就像登山，过程中充满了荆棘坎坷，幸有家人的关爱和朋友们的支持，让我坚持到了最后。当攀登到了山顶回过头看去，遇到的所有困难和挑战都变成最美的风景，我非常感激。

我要感谢出版社的编辑林瑞和老师，他始终支持我保持自己的风格。写作的过程也是寻找自己的过程，只有保持最真实的自己才能写出最有力量的文字。

我还要感谢梁宁老师的点拨和认可。《产品思维 30 讲》作为一门产品经理必修课，在我的写作过程中给我很大启发；和她的交流也让我感受到产品大师的情怀、超高的职业素养以及渊博的学识。

我的好朋友们也对这本书的内容提供了宝贵的建议，感谢你们：张冬艳、张俊锋、李博、李兴林、李智博、苗帅、朱天成、Tim Hudson、小拉、王洪阳。

最后要感谢我的家人，你们是我坚持的理由，我爱你们。

张竞宇
2022 年 11 月

读者服务

微信回复：44760

- 加入“产品经理”读者群，与更多同道中人互动
- 获取【百场业界大咖直播合集】（持续更新），仅需 1 元

目录

第1章

人工智能时代重新定义产品经理

来到人工智能技术广泛应用的时代，传统的产品经理面临着巨大的挑战，无论是工作流程、价值定位还是工作协同方式都面临着巨大的变革。如果说互联网对人类的主要贡献，是通过优化和创造信息存储和传递的方式重新组合各种生产要素，即重构已有的商业模式，那么人工智能的主要贡献就是升级生产要素（劳动、土地、资本和企业家才能），进而推动产业升级。

例如，同样是交通和出行领域，互联网时代最典型的产品是一站式出行平台。本质上是通过提供乘客与司机紧密相连的出行全流程平台，将线上、线下的出行流程进行整合和优化，最终实现商业变现。而人工智能产品在该领域采用了完全不同的颠覆性策略，即以自动驾驶技术作为切入点，赋予车辆自动驾驶的能力，更关注产品和服务作为生产要素本身的升级和创新。反观互联网产品，不改变车辆和驾驶本身，司机该怎么开车还怎么开车，换句话说，不改变生产要素本身，更关注生产要素和资源配置方式的优化和升级。基于以上分析可以推断：对于互联网产品经理来说，转型为人工智能产品经理需要的是价值观和方法论的转变。

随着人工智能技术的日新月异，产品形态和价值都有无限种可能，产品经理需要担负起更大的社会责任。就像《终结者 2》中的人工智能产品 T-800（如图 1-1 所示）与液态金属人 T-1000（如图 1-2 所示），同样是顶尖人才设计出的人工智能产品，一旦失去道德底线，越是顶尖的技术，越容易将人类领向另外一个极端。

图 1-1 《终结者 2》中的人工智能产品 T-800

图 1-2 《终结者 2》中的人工智能产品 T-1000

1.1 人工智能时代产品的特殊性

1.1.1 人工智能是工具，也是新的产品设计思维逻辑

从 2006 年开始，深度学习技术突飞猛进，再加上人类在计算机运算能力及互联网数据方面的积淀，被赋予人工智能技术的产品终于在多个领域实现了广泛应用，并取得了巨大的商业价值，例如机器人、自动化技术、智能控制、电商、金融、自动驾驶、医疗诊断、语音与图像识别、人机交互等。以上所有的应用或产品，本质上都得益于人工智能领域中主流研究方向的发展，如图 1-3 所示。

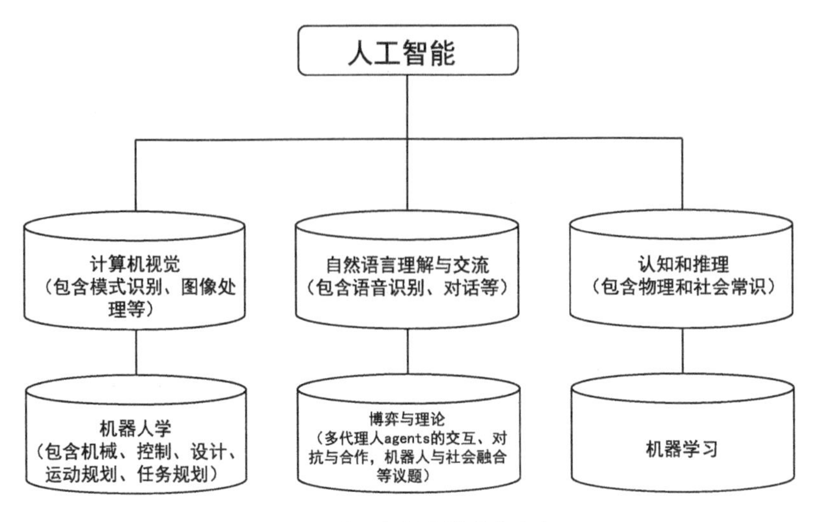

图 1-3　人工智能主流研究方向

回顾人类历史，每个领域的科技进步都给使用该技术的产品带来性能和效率上的提升。这些改变过程在本质上都如出一辙，都是在人类需求的驱使下产生了某种技术，最终帮助人类实现了新的行业和新的产品形态，如图 1-4 所示。从这个角度来看，人工智能是一种为了解决人类需求而生的工具，而这个工具通常用在传统解决方案产品上，对其进行改进和提升。

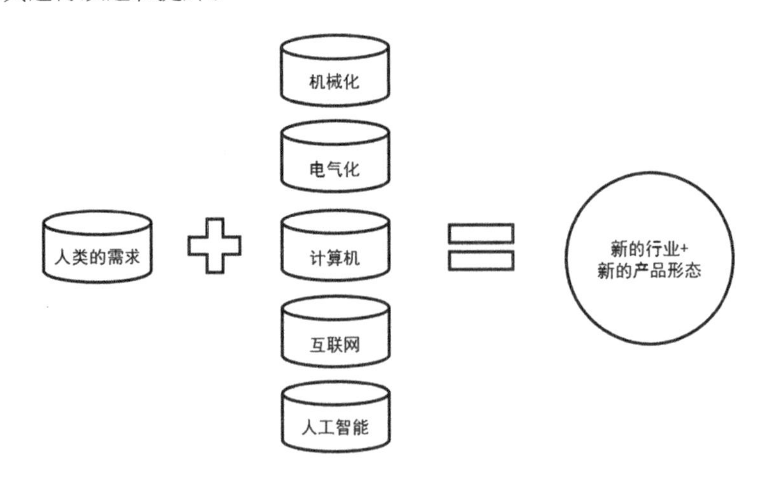

图 1-4　新行业和新产品的诞生过程

人工智能产品在本质上都和一个概念有关，那就是概率。概率论是人工智能系统推理的逻辑基础，人工智能做出的每个推断和预测都伴随着行为结果的不确定性，也就是对结果的一种赌博。只不过人工智能和人类赌徒不一样，它无法选择不去赌博，无论它做什么——即使什么都不做，也伴随着不确定和风险。因此如果人工智能产品不以概率论作为其规则依据，那么它注定会被那些遵循概率论的其他人工智能产品淘汰。因此，我们也会从概率论角度分析和量化人工智能系统的行为和价值。

人类对于世界上绝大多数事情的认识同样是基于概率的。医生基于病人的病症进行诊断是基于概率的；司机基于时间、地形和行驶过程中的周围路况驾驶汽车是基于概率的；投资经理基于客户实际情况和需求，并结合自身的经验给出客户最佳投资组合策略也是基于概率的。人工智能技术作为一种工具，能够辅助甚至替代人判断和解决问题，在本质上也离不开通过对不同事件发生的概率进行判断和预测。

人工智能的概念已经被提出很久了，但产品或服务迟迟没有得到广泛认可的本质原因，就是之前的产品从概率上并不能大范围满足用户的需求，甚至还不如传统方式的效果好，因此也就没法形成产品或服务的升级，更别提替代人解决实际问题了。例如，如果人工智能可以实现 85%的医疗诊断准确率，显然无论患者还是医生都没法完全放心使用这样的产品，当概率上升到 99.99%时，或许很多医生才会选择其作为一种辅助诊断工具。在不同行业的不同场景中，人类对于人工智能在概率表现方面的期望值不同，这就造成了人工智能产品或技术在各个领域中的普及速度参差不齐。

基于以上分析不难理解，人工智能的本质就是实现推断的概率可以无限逼近 100%，最终替代人类做判断，完成任务，甚至超越人类的思维和判断能力。而人工智能产品经理在设计人工智能产品的时候，就充当了实现概率最优和成本投入（可能包含资金投入、技术投入、时间周期选择）之间的平衡者。

人工智能产品经理需要在具体的业务场景中，判断人工智能可以达到的推断概率能否解决用户的需求，以及这种概率被用户接受的最低标准是什么、能够超出用户预期的标准是什么，并依据这些判断决定对产品研发的投入策略。在实际的产品管理过程中，人工智能产品经理在拿捏这个尺度的时候不能一味追求完美主义，因为产品商业化的成功永远是排在第一位的。

除概率论外，一个人工智能产品的实现也离不开数学、统计学、生物学、遗传学、进化论的理论支撑，因此人工智能产品经理应理解各种学科理论的逻辑对产品设计产生的影响。

1.1.2 人工智能技术给传统的服务和产品赋能

根据产品或功能要实现的目标，人工智能产品可以归纳为如下几个类型：个性化精准服务（例如金融产品个性化推荐）、替代简单或重复劳动（例如自动驾驶）、提升效率和准确率（例如反金融欺诈系统）、提升用户体验（例如通过语音输入下达控制指令的智能居家机器人）以及自主创作（例如 Bearly AI 可以提供文字的读写、Deep Dream 可以提供绘画的创作、Sunspring 可以提供电影剧本的创作）。

上面描述的所有人工智能产品在本质上都颠覆了传统的产品设计流程。例如，传统的产品设计逻辑是设计确定的交互流程，而且是越明确、越详细越好，产品经理还常常因为 PRD（Product Requirement Document）文档写得不够详细、交互说明不够具体，而在评审会上被研发人员挑战。而当你设计人工智能产品时，有时明确的交互逻辑反而限制了研发的工作。在使用同一款产品时，不同用户看到的页面内容不同，交互逻辑不同，甚至连产品形态都不一样，产品的这种“千人千面”的特性让产品经理没法将每个用户点击某个按钮后的效果都描述出来。

我在这里想表达的并不是人工智能产品不再需要设计产品交互和逻辑流程，这些依然是产品经理的工作内容之一。例如，电商产品经理依然需要精通电商后台的设计逻辑，社交产品经理也依然需要了解用户时刻变化的社交习惯来设计最新的社交功能，这些都属于对行业的理解范畴，行业逻辑在短时间内不会改变，改变的是将传统的产品流程赋予上面提到的人工智能所擅长的几个能力范围，人工智能产品经理应该学会找到用户需求和新技术的交叉点。

举一个人工智能产品的案例。电商平台中的搜索是用户的主要入口和在线购物流程中的关键环节。搜索技术发展到今天，已经实现了智能交互搜索引擎。在过去，产品经理在写这类功能的 PRD 的时候需要明确以下两点。

（1）搜索框中的默认查询词是什么。

（2）如果有实时预测功能（输入时实时展现搜索结果，而无须回车或点击搜索按钮），用户输入字符后的匹配逻辑是什么，需要最多显示几个推荐结果。

但在今天，随着自然语言理解、自然语言生成对话策略以及知识图谱技术的快速发展，搜索已经演变为一个深度智能交互功能，因此上面的这种产品设计方式无法满足需求。比如，用实时在线的深度学习技术和强化学习技术，通过分析用户的线上行为数据（搜索关键词、近期的购买记录及浏览记录等），实时预测用户的意图，进而通过引导式销售（销售员通过训练后可以具备的一种专业销售技巧）引导用户的需求确认，最终完成线上销售流程。

比如用户在搜索“男鞋”的时候，系统会自动提示“您想要一双在什么场合下穿的男鞋”“您偏好什么颜色的男鞋”，用户如果分别选择“跑步”“白色”，系统又进一步引导用户“您经常在平地跑步还是山地跑步”，用户接下来可以进行进一步的个性化选择。用户既可以随时终止这种对话，也可以继续对话，直到找到他的目标，如图 1-5 所示。当用户完成这样的交互后，系统会记住用户之前的购买意图，待用户在不同的页面进行浏览时，页面中产品显示优先级就会自动按照用户之前的意图排序。

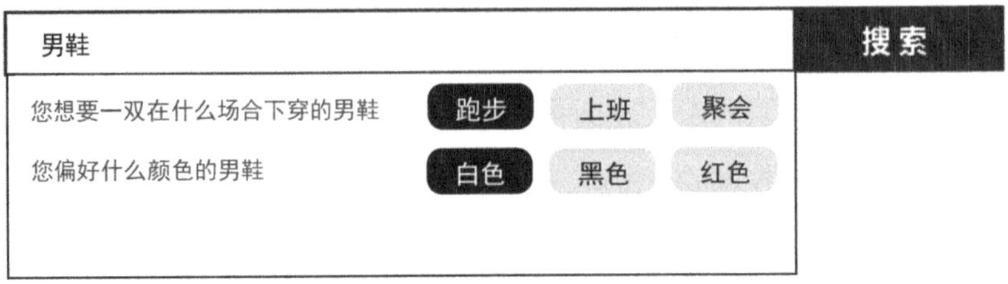

男鞋 搜索

您想要一双在什么场合下穿的男鞋 跑步 上班 聚会

您偏好什么颜色的男鞋 白色 黑色 红色

图 1-5 具备深度智能交互功能的引导式搜索

看到这里，你一定很纳闷，人工智能的产品形态到底是什么？答案是：没有固定形态。实际上人工智能只是一种对传统产品或服务赋能的手段而已，将各种“中间件”（通常是一种训练好的模型，当输入一定数据后自动返回一定的输出值）、传感器等不同形式的软件、硬件融入传统产品或服务的使用或体验流程中。例如，自动驾驶汽车就是一个典型的集成了传统汽车的各种零部件，以及雷达、测距仪、摄像头、高精地图和各种算法模型的人工智能产品，如图 1-6 所示。

图 1-6 自动驾驶汽车

当然，一个看起来极其简单的 Web 搜索引擎，一款 App 上的自动聊天机器人，一个长相可爱的居家机器人，如图 1-7 所示，这些都可以成为人工智能产品。因此，产品经理不应局限自己的想象力，人工智能只是一种工具而已，产品的终极目标仍然不变——为用户创造最大价值，提供最佳用户体验。

图 1-7　居家机器人

1.1.3　构成人工智能产品的三要素

近几年来人工智能的快速发展离不开深度学习（Deep Learning）在图像识别、语音识别、自然语言处理、信息检索、机器翻译、社交网络过滤、生物信息学和药物设计等方面的成功应用。作为机器学习算法家族中的一员，深度学习在每个应用场景中的落地都离不开算法、计算能力、数据“三要素”，如图 1-8 所示。“三要素”相关技术近些年来的快速迭代和积淀，是促使人工智能技术得以广泛应用的根本原因。

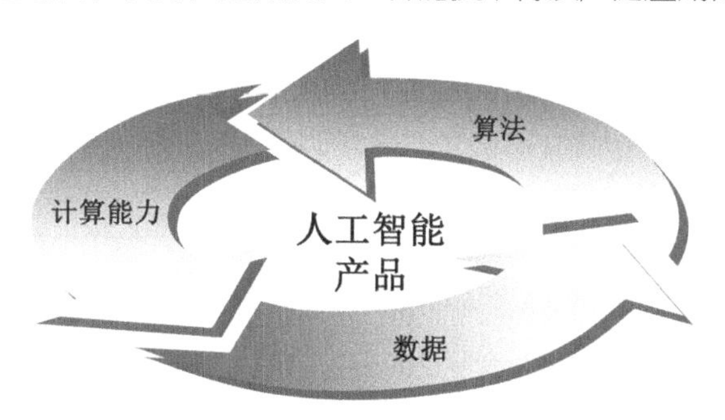

图 1-8　人工智能产品“三要素”

- 近些年来算法框架的不断成熟及开源社区的发展大幅度降低了执行算法的门槛。
- 以 GPU、TPU 为核心的大规模集群计算系统的发展及硬件成本的逐步降低也基本扫清了计算能力的障碍。

- 互联网和移动互联网在迅猛发展的同时，也在数据层面提供了机器学习的基础。

既然“三要素”如此重要，人工智能产品经理就需要从产品规划的初始阶段开始，到最终产品上线后的运营，在整个产品管理过程中考虑如何为研发团队创造“三要素”的最佳环境。

（1）在算法层面：设计的产品要和公司现有的算法研发能力相匹配，例如避免设计一些过于超前或落后的产品功能。这需要产品经理对主流的算法模型和框架有基本的认知，并可以做到对各种算法在不同场景下的使用效果进行量化评估。有关这方面的知识会在第 4 章详细展开论述。

（2）在计算能力层面：产品经理要从需求出发，衡量产品的功能所需求的算法模型需要怎样的系统架构支撑，并能够评估硬件开销。综合考虑利弊后要判断采用平台即服务（Platform as a Service, PaaS）的方案还是自建计算平台。例如，产品设计中包含了实时在线的智能语意搜索和智能内容推荐功能，这对于产品底层在线学习的能力就有极高的要求，为了实现这种能力，需要投入大量计算硬件（例如 GPU 卡）。

（3）在数据层面：在机器学习领域，数据显然已经变成了兵家必争之地，优质的数据可以帮助企业快速建立门槛。好的数据通常要比好的算法更重要，假设你的数据集够大，那么其实不管使用哪种算法，可能对分类性能都没有太大的影响。因此产品经理要在产品设计之初就考虑到数据从哪来、数据质量怎么保证、数据治理的工作怎么开展等问题。在这种情况下，产品经理的跨部门协调能力通常起到决定作用。有关跨部门协调能力，会在本书第 7 章具体介绍。

人工智能“三要素”是构建人工智能产品核心竞争力的重要手段，任何一种要素都不足以让产品在市场上建立绝对优势。产品经理应在定义产品核心竞争力的时候就主动寻找三要素交叉组合的“黄金地带”，如图 1-9 所示。这无论对于建立产品竞争门槛还是吸引外部投资都是很有帮助的。

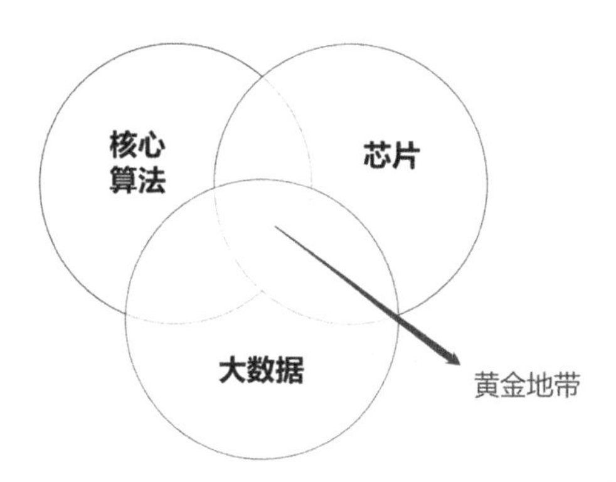

图 1-9　人工智能产品的“黄金地带”

1.1.4　人工智能产品成功的必要条件

很多公司盲目招聘人工智能人才，就是因为不了解从技术到产品，最终到产品发挥商业价值的距离。要想回答这个问题，我们可以从一个人工智能产品成功的必要条件角度进行分析。概括起来，核心技术、产品化、商业化三要素对于一款人工智能产品的成功缺一不可。

（1）核心技术：人工智能时代的产品成功不同于过往任何一个时期，日新月异的技术创新导致解决同一个需求的手段有多重选择。产品之间竞争的战场早已经从可见的功能性方面转换到了更多维度的比拼。而且人工智能产品给用户带来的往往是“零感知”技术，即用户没有任何学习成本，甚至都察觉不到这种“高科技”，但实际上已经实现了更优的产品体验。

例如，某些手机厂商的人脸识别技术采用了 3D 人脸重现技术，采用的深度感应镜头融合了 VCSEL 红外激光器、NIR 多重滤波片及滤光接收模块，不仅使用的算法复杂，而且集成到手机端的分析能力大幅增强，实现了在人脸解锁功能上的 2D 技术无法超越的安全级别，如图 1-10 所示。

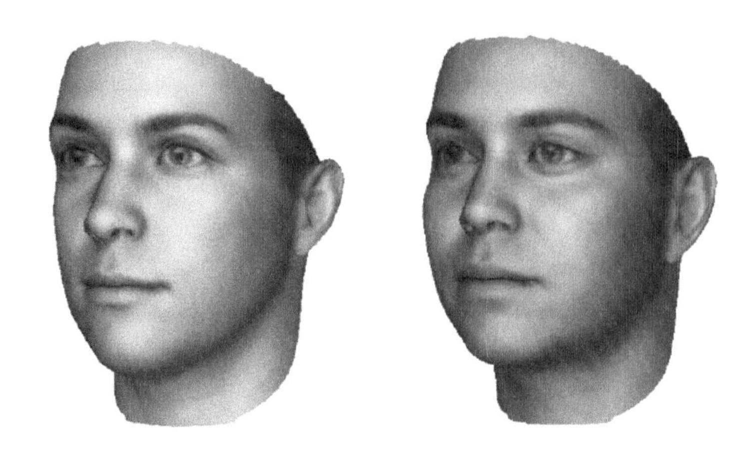

图 1-10　3D 人脸重现技术

另外，凭借传感器硬件和复杂算法实现的 3D 建模能力，还可以帮助企业实现更多的应用创新，应用了这种技术的企业在未来的手机竞争中会占据绝对的制高点。另外，深度感应镜头也应用在人体跟踪、三维重建、人机交互、即时定位与地图构建（Simultaneous Localization and Mapping, SLAM）等领域，公司一旦具有这种技术，在未来的竞争中将占据市场先机，甚至造成与竞争对手完全不在一个跑道上竞赛的局面。因此，核心技术是人工智能产品成功的第一要素。

（2）产品化：核心技术在本质上只是解决用户需求的一种手段，如果技术先进却对用户提出了较高的使用门槛，反而很难直接地传递价值，那么产品还是无法取得成功。产品化的过程是让产品首先可以以快捷、低门槛的形式触及用户（宣传、推广），当用户开始使用产品后，可以有效地传递价值并为用户解决实际需求，当用户使用产品一段时间后，通过延展价值形成用户持续的消费，如图 1-11 所示。

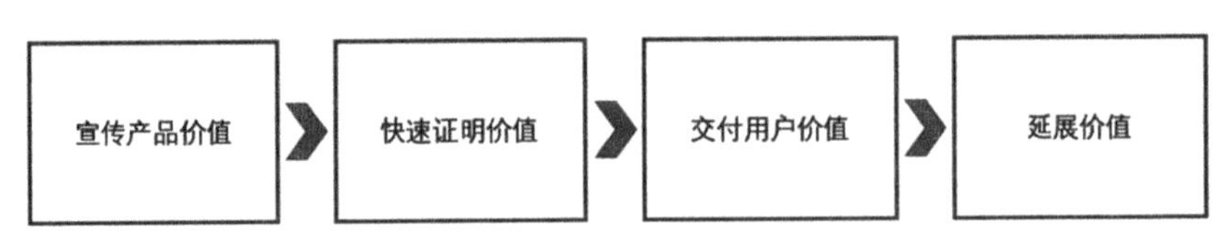

图 1-11　产品化演进过程

人工智能产品在产品化的不同阶段，都面临着比传统产品更大的挑战。

首先，人工智能产品的技术逻辑本身就很难被诠释清楚，尤其是对于一些前期并不为人所知的新品牌而言，建立信任是第一步。

其次，无论人工智能产品多么具有科技含量，如果产品无法快速证明它可以带来的价值，就无法促使用户产生购买欲望。因此，制定让用户快速了解产品的策略、快速用价值打动用户是非常关键的一步。

再次，用户一旦产生了购买行为，就与产品建立了紧密的联系，在长期的使用过程中产品需要经得起考验，保证长期稳定地将价值传递给用户。人工智能产品往往能在效率、便捷度、人性化等方面让用户体会到产品的价值。

最后，人工智能产品除了需要向用户传递价值外，还需要与用户建立更多的连接，也就是让用户依赖产品，将产品融入用户的生活中。只有这样，才能延展其价值并促使用户产生更多购买行为，为企业创造持续变现的机会。

（3）商业化：如果说产品化决定了产品的价值空间，商业化则决定了产品将价值变现的能力。人工智能产品相比于传统产品使用了更复杂的技术架构，这造成了一方面产品在研发阶段投入的成本具有不确定性，另外一方面技术的预期效果也比较难评估。

因此人工智能产品经理不能利用过去的经验，来评估产品的成本结构，制定产品的定价策略，而是需要站在用户角度考虑产品定价策略，深入理解场景和用户的痛点在哪里。

举一个简单的例子，在食堂打饭这个场景中，最后一个环节通常是需要一个收银员根据你挑选的饭菜金额收费，这要依靠准确的识别和速算。如果你设计一个菜品识别（计算机视觉）、报价、收费的收费机器人，你怎么给这个产品定价？如果只是看表面，你一定觉得这个产品简直太完美了，如果机器误识别率低，而且运算速度快，那么用户只要将菜品放在摄像头前刷一下，然后刷卡付费就行了，最直接的价值就是节省了一个劳动力。

但是你要仔细想想，食堂档口的老板会这么认为吗？收银员只是在用餐高峰期充当收费的角色，在不忙的时候可能会被安排洗碗、擦地，甚至需要在后厨兼做一些帮厨的工作。尽管在用餐高峰收费这个环节的劳动力被省下了，但是机器人能替代人完成其他任务吗？因此，这款产品的定价一定不会很高。

由此可见人工智能产品的商业化需要产品经理能够把场景、痛点分析透彻，并在评估产品能带来的价值和研发成本后，制定适合的商业推广策略和产品定价包装策略，甚至在必要的时候进行产品定位调整，最终实现产品变现。

1.2 人工智能产品经理的价值定位

产品经理这个岗位到了人工智能时代面临着重新定位，主要原因如下。

- 新技术的引入导致了全新的组织架构调整，形成了新的合作分工方式，因此产品经理在团队中的角色需要随之改变以适应新的协作方式。
- 新的技术手段带来了完全不同的产品生命周期管理方式，在产品从需求分析到上线运营的整个过程中，由于新技术的引入产生了完全不同的迭代规律，因此产品经理需要重新梳理产品管理流程。
- 人工智能技术在给产品带来更大的边界和想象空间的同时，也伴随着更高的法律和道德风险，产品经理作为产品的主人和负责人需要时刻把控风险。

在人工智能时代，产品经理可以被定位成公司中的三种关键角色。

1）拥有市场和技术前瞻性的带头人

苹果公司在设计 iPod 时，产品团队的负责人乔恩·鲁宾斯坦（Jon Rubinstein）找到了一款适合 iPod 的存储设备。在当时，全球范围内只有东芝公司正在研发一个 1.8 英寸见方的硬盘，其带有 5GB 的存储空间，当时东芝也并不知道这个产品能够解决什么样的需求。当东芝的工程师把这个小东西展示给乔恩·鲁宾斯坦时，他立刻就决定将它放入 iPod 里，把 1000 首歌装进用户的口袋！

上面这个案例说明，如果产品经理没有敏锐的科技嗅觉，如果失去了技术的前瞻性，那么伟大的产品就不会诞生。在人工智能时代，有大量新的技术仍然停留在实验室阶段，有大量算法模型和框架还停留在理论阶段，并没有被投入实际使用！在很多公司里，研发者花费了大量的时间研究新的技术，仅为他们自己创造了好用的工具而已，而并没有从业务角度和用户的实际需求出发。

产品经理在这种企业中就经常沦为为研发者设计产品的尴尬角色，而正确的做法是：产品经理带领研发人员向前走，而非研发人员带领产品经理向前走。尽管我们也倡导技术驱动创新，但如果产品经理不能把控产品方向，那么公司将面临巨大的风险。近些年，已经发生了太多由理想化的技术决定产品走向，而最终导致失败的案例了。

产品经理是与用户、市场接触最多的人，应具备市场前瞻性，找到产品的目标市场定位，并判断哪些前沿技术可以解决这些用户的痛点。因此，兼顾技术和市场前瞻性就成为了人工智能产品经理必备的素质，两者中任何一方面的偏科都可能导致产品失败。

2）技术赋能创新的驱动者

在某些公司中，研发者更倾向于使用新技术为自己创造产品。造成这种现象的原因是公司缺乏技术赋能创新的正确办法。产品经理只顾着带领产品团队创新，故意让研发人员专注于技术工作，其实是导致上面这种情况的本质原因。

研发团队如果不能从用户的满意度和产品功能的价值上获得成就感，他们必然会去主动寻找能够让自己获得成就感的方式。产品经理需要做的就是引导研发人员接触用户，了解需求场景，理解产品设计的逻辑和理由，在产品上线后将用户的反馈（无论好的还是坏的）在第一时间分享给研发人员，这样他们一定会产生巨大的动力和激情。

“技术驱动产品创新”，看似一句简单的口号，其背后却需要产品经理主动连接研发人员和市场反馈，激发团队的创造力，最终实现从技术到创新的快速转化。

3）道德准则的守护者

看过美剧《西部世界》的人一定对安东尼·霍普金斯（Anthony Hopkins）出演的罗伯特·福特（Robert Ford）这个角色不陌生。他作为整个“西部世界”的创造者，同时也是整个虚拟世界中最大的产品经理，为每一个接待员（也就是被设计出的人形机器人）设计了完整的记忆及人物背景，这里面包括被他用来杀害人类的机器人。

尽管电视剧中的剧情是虚构的，但至少说明一个问题，优秀的产品经理可以创造出令人叹为观止的对人类有益的人工智能产品，同时也可以创造出另外一个极端。在天堂和地狱之间只隔了一个产品经理。人工智能时代的产品经理不仅需要能设计出逻辑缜密的产品，更需要将伦理和道德考虑到产品设计中。例如在设计人机交互的产品时，要充分考虑不同身份的用户带有的特殊社会属性，比如残疾人、老人、儿童等弱势群体，否则很容易产生类似歧视、隐私侵犯以及伤害人类的情况。

这也是现今很多美国人工智能公司成立伦理审查委员会（Ethics Committee）的原因。该组织是由不同领域的专家组成的独立组织，其职责为检查人工智能产品的设计方案是否符合道德，并为之提供公众保证，确保用户的安全和权益受到保护。该委员会的组成和一切活动不应受到产品设计者和公司其他成员的干扰。

因此，在人工智能时代，企业对产品经理的要求要上升到另外一个高度，产品管理的能力和商业化能力考核的仅仅是产品经理的技术水平，更重要的是要考核其道德水准。

1.3 人工智能产品经理需要兼具“软硬”实力

1.3.1 人工智能产品经理需要懂技术

关于“产品经理是否应该懂技术”，在互联网时代一直是一个颇有争议的话题。来到人工智能时代，恐怕这个话题的答案终于要水落石出了。人工智能产品经理需要懂技术，而且要在自己所在的领域中掌握前沿技术的实现原理，谙熟每种技术实现手段的优劣势，对技术的发展方向和技术如何融合产品有自己独到的认知。

首先要澄清一个概念，什么叫“懂技术”。可以从下面几个方面进行描述。

（1）尽管产品经理不需要亲自参与算法模型选择、调参、特征选取的过程中，但需要对所在领域的产品研发过程中每一个技术动作的原理和最佳实践有深刻的理解，并可以对其进行熟练的解释说明，这有利于公司内部的协调沟通。

例如，当公司老板问起产品的某个功能实现的原理时，产品经理需要站出来从产品工程化角度解释其内在原理，而且如果能将目前主流的技术手段、竞争对手的技术手段拿出来进行横向比较、分析，并量化己方目前的优势与劣势，那么老板一定会刮目相看。另外，当用户问起产品具备何种优势的时候，产品经理如果能从技术角度进行解释说明，对于增强用户的信心会有极大帮助。例如产品的模型准确性、计算能力及对比其他几种技术实现手段的优劣等，都是产品经理需要理解的“技术”。

（2）在利用人工智能技术进行产品研发时需要产品经理能够融入研发过程。如果说输出交互设计文档是产品经理的重要工作之一，那么来到人工智能时代后，对于研发人员来说，尤其是对于算法团队来说，他们要的不再是交互设计，产品经理需要重新定位自己在团队中的角色并提供研发所需要的成果物。

假如你是负责肺癌识别引擎的产品经理，产品的目标非常明确，就是提升疾病预测的准确率。交互设计显然不是产品建立门槛的关键，产品经理需要为算法团队创造更好的条件来完善模型。产品经理应首先了解精准医疗领域（尤其是肺癌识别）的技术常识，包括技术的历史背景、技术现状及未来技术的演变趋势等。

当掌握这些信息后，你会发现影响模型准确度的关键因素至少包括：专家型医生标注的高质量数据集和数据集的规模。医疗领域的数据不同于电商，如果你做电商推荐引擎，用户的反馈周期较短，标记相对容易，而医疗领域不仅反馈周期长，而且准确的标记对医生的专业能力要求极高。在这种情况下产品经理需要做的，就是想尽一切办法帮助团队提供高质量的学习数据集。

本书第 6 章对于产品经理如何参与研发过程有详细描述。

（3）掌握前沿技术在产品所在领域的应用条件和最佳实践。本质上人工智能是一种替代人工生产力的技术，因此如果说互联网产品的核心是“流量”，那么人工智能产品就是利用“软/硬件基础设施”“数据”“算法”作为生产材料完成生产力的升级，带来更好的用户体验。因此，产品经理需要找到最佳生产材料的组合，并完成前沿技术的产品化落地方案。不同的组合策略会得到完全不同的效果，产品竞争的维度也会变得更加多元化，很多人工智能创业公司之所以成功，并不是因为发明了某种原创技术或者挖掘出了本来不存在的市场需求，而是因为找到了技术和市场的全新组合方式，搭建了全新的价值网，通过不断深挖数据价值和完善产品体验，最终享受到了创新带来的红利。

假如你负责一个计算机视觉产品的设计，要了解目前主流的产品架构都有哪些，每种架构都适合什么样的用户使用场景。产品如果包含硬件，那么传感器元件的精度、目前市面上处理芯片的运算效率和功耗以及生物识别的原理、视觉识别的原理、采用3D 还是 2D 视觉识别方案等都需要了解，每种方案配套的硬件组合和算法都不同，还要考虑到每种方案的软件研发、硬件研发/集成的成本和风险，最终综合所有这些技术调研后才能完整地输出产品优势、上线周期、投资回报率等成果物，然后综合考虑以上所有指标才开始产品的设计工作。因此，产品经理不仅需要懂技术原理，还需要具备对技术发展趋势的洞见，才能最终设计出有竞争力的、有前瞻性的人工智能产品。

本书后面的章节还会详细阐述产品经理应该懂哪些技术，以及如何通过技术知识建立产品核心竞争力等。

1.3.2 会用数字表达和评判

如果说上一个时代的产品经理设计出的大部分产品都是看得见摸得着的，产品可以通过原型设计和交互说明文档完成设计理念的传递，那么人工智能时代的产品经理在以上提到的工作内容基础上，还需要投入大量的时间和精力将产品的目标用数字量化表达。比如前面提到了概率在人工智能领域的重要性，产品经理需要能够使用明确的量化方式表达自己的设计理念和设计目标。

举个例子，搜索在电商平台中是用户购买商品的入口，也是一种重要的商品推荐功能，用户通过关键字输入搜索意图，引擎返回和搜索意图匹配的个性化结果。在设计电商平台的搜索功能时，产品经理需要明确把算法优化后带来的千次搜索 GMV（Gross Merchandise Volume，商品交易总量）提升率作为本次迭代的考核目标，如果你作为产品经理没有长期关注到历次迭代中 GMV 的增长情况，就无法对比算法优化前后的效果。

当新的搜索算法研发出来后，通常需要进行 A/B 测试以降低新特性的发布风险，如果产品经理在需求描述阶段没有明确的量化目标，A/B 测试时就无法衡量哪个版本效果更好，最终的结果就是不仅研发人员没有获得成就感，公司领导也不知道你做了什么贡献，自然也不会给你更多的资源用于以后的迭代。当然这个案例只是为了证明量化表达的价值而举的一个简单案例，更深入的关于需求量化的内容会在第 4 章详细描述。

1.3.3 懂得沟通和协作的艺术

产品经理作为产品的代言人和负责人，需要拥有强大的协作与沟通能力。尤其是在人工智能时代，如果具有良好的沟通协作能力，产品经理的价值会被放大。主要有如下几个原因。

（1）团队组织架构重新调整。

（2）日新月异的技术手段需要产品经理快速学习和适应。

（3）产品研发流程需要更多跨部门协作。

1. 团队组织架构重新调整

随着机器学习算法在各个公司的产品线中得到广泛应用，公司内部的组织架构将由于分工精细化而进行调整。例如机器翻译产品需要使用 Sequence-to-Sequence 模型（一种专门用来解决序列到序列的监督学习问题的算法，适用场景包含对话机器人、自动生成古诗词和对联等），那么公司很可能成立专门的模型研发组以便于后期的模型迭代和优化。

知识图谱（Knowledge Graph）通常在互联网公司被各条产品线的研发人员广泛使用，那么在公司内部也会成立专门维护公司知识图谱的研发组。除此以外，由于机器学习需要大数据的支撑，数据评测（Data Testing）组也是另外一个在数据挖掘领域细分出来的部门。

产品经理需要了解这些新的部门、新的成员加入团队后带来的分工和工作流程上的变化，通过合理的资源整合，在团队中发挥类似于润滑剂的作用。

2. 日新月异的技术手段需要产品经理快速学习和适应

正如之前提到的产品经理需要懂技术，在人工智能时代产品经理协作的对象不仅是前端工程师、后端工程师、交互工程师、UI设计师，还需要和算法工程师紧密配合，如果对算法一窍不通，就没法和他们进行深入交流，失去了交流，就没法驱动公司的技术创新。在机器学习领域，尤其是深度学习领域的技术不断发展，算法工程师需要投入大量的时间调研最新的科研论文和最佳实践，产品经理也需要紧跟算法工程师的步伐，快速丰富自己的知识体系，只有拓宽了自己的知识边界，才能实现比竞争对手更好的前瞻性和创造力。

不过，产品经理在学习技术的时候还是需要掌握一些技巧的，这和研发人员学习技术的方式和目的截然不同。

（1）可以迅速调取知识，而非死记硬背。例如机器学习算法涉及大量的数学公式，产品经理没有必要逐一理解，只需要知道一些关键算法的应用策略和工程实践特征即可。而且，互联网的信息搜索变得如此便捷，很多知识只要在需要的时候能迅速找到就可以了。

（2）从业务需求出发，追本溯源找到知识的源头，带着目的去学习技术。在开始学习技术之前，要明确：为什么要学？为了解决什么样的问题？要带着问题去学习技术而不是盲目地学习。例如为了掌握所在行业人工智能技术的应用现状和趋势，可以经常访问一些开源的人工智能算法社区，了解最新的技术发展在工程方面的应用效果和最佳实践，或者去世界顶级期刊订阅一些所在行业内部应用到人工智能技术的论文。这些都是高效学习的方式。

（3）除日常的知识积累外，产品经理需要经常和公司内部的技术专家交换知识和观点，将自己理解的技术知识讲给技术专家，看看从他们的视角和自己的理解是否一致，如果不一致，是否需要调整和改良。另外，由于人工智能本身就是一门极为复杂的交叉学科，涉及物理学、数学、哲学、认知科学、心理学、计算机控制、生物学、仿生学等学科，产品经理需要和跨界的专家交换思想，扩大自己思维的边界，因为创新往往来源于不同领域的知识交叉。

3. 产品研发需要更多跨部门协作

人工智能时代的产品由于具有更复杂的产品架构，往往需要更多部门的协同，图 1-12 是一个电商平台中的智能人机交互产品的产品架构。

图 1-12　电商平台中的智能人机交互产品架构

从这个产品架构图中可以看出，人工智能产品从工程流程上来说，需要更多的跨部门协作才能完成研发工作。尤其是当数据来源于不同部门时，有海量的数据加工和挖掘，产品经理需要协调数据科学团队共同完成某个产品的研发工作。在公司还没有成立统一的数据平台前，产品经理就是公司内部数据整合工作的发动者。只有产品经理最懂行业、最懂业务，而数据治理永远是业务驱动的，因此产品经理做这个协调工作再适合不过了。

1.4 人工智能产品经理入门

如果你认真读完以上的章节，你可以看到相比于传统产品经理的能力模型，人工智能领域在数据分析、软/硬件的技术整合以及团队协同方面都对产品经理这个岗位提出了更高的要求。那么在人工智能时代，如何能够成为一个合格的人工智能产品经理呢？我总结了几点建议给想要转型为人工智能产品经理的人。

1.4.1 修炼思维模式：资源、解决方案、目标导向

要想在产品管理工作中变得优秀，本质上不管你是不是在人工智能领域从业，都需要从训练自己的思维模式开始。以往产品经理在设计产品时，会将大块时间分配到功能逻辑、流程推敲和页面设计上，而人工智能时代的产品比拼的不仅是前台功能和交互设计，还包括硬件运算架构、算法模型、有效训练数据等的综合实力。同时由于深度学习的训练和推断对硬件（如运算芯片、存储等）有不断升级的需求，产品的硬件架构会随着算法技术的演进和训练数据所需的计算能力同步进行升级。产品中各种硬件和软件模块的重构、改良会变得越来越频繁，因此产品经理需要具

备系统性思维，即把问题放在整个系统中进行综合分析，权衡利弊，得到最佳解决方案。

根据人工智能时代的特点，产品管理思维可以被分为三种类型，如图 1-13 所示。

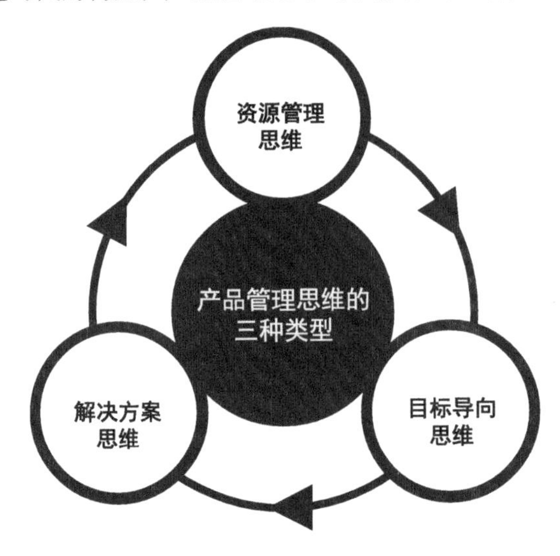

图 1-13　产品管理思维的三种类型

1．资源管理思维

产品经理应关注资源的投入和产出。通常在设计一款人工智能产品的时候需要考虑至少三个方面的资源投入：算法、数据资源（训练集、研发集、测试集等）、硬件资源（计算芯片、存储及各种构成产品的硬件组件）。

首先，由于人工智能时代算法模型的训练和调优，相比于以往产品功能和页面的研发具有更多不确定性，因此在工程实践中经常会出现预先设计好的硬件架构无法满足算法需求的局面，这就造成了无论是从上线周期还是效果方面都无法利用过去的经验进行评估。

其次，由于高质量数据集的获取本身需要投入大量成本（资金、时间等），产品经理应在数据获取成本与模型训练效果之间平衡。

最后，人工智能产品在很多时候能否成功取决于系统集成的综合表现而非某项单一技术的突破，例如无人驾驶产品（Self-Driving Product）融合了各种传感器、即时定位与地图构建技术、高精地图等来自各厂家的软/硬件产品，是一个典型的高集成度产品，各种厂商技术的优劣势、成本、集成难度等都是影响系统集成效果的因素。产品经理需要在工程实践中积累经验并锻炼资源的统筹管理和风险管理能力，在产品迭代过程中从上面提到的三种核心资源角度考虑投入和产出，并拿出合理的解决方案。

2. 解决方案思维

在人工智能产品生命周期管理过程中，产品经理应该有意识地去主动寻找产品需求的解决方案。用户要的是解决方案而不是技术或产品本身，而能够将公司的硬件、数据、算法等不同部门输出的资源，以最优的方式整合在一起，并形成解决方案的人非产品经理莫属。

由于人工智能浪潮在发展早期一定是技术驱动的，因此很多公司自然会将更多寻找解决方案的工作完全交给研发团队来做，这就造成了研发团队牵着产品团队的鼻子干活的局面。

一个典型的反面案例：产品经理等待研发人员将产品的硬件架构、数据获取、训练目标都想清楚了才开始干活，即等研发人员告诉产品经理技术的实现边界，产品经理再依此反推需求。

但研发团队相比于产品经理距离用户和市场都更远，需求的把控能力有限，而且人工智能产品的协作复杂，包括算法团队、数据团队、底层架构团队在内的研发团队往往无法实现自主协同，因此研发人员牵着产品经理鼻子做解决方案的方式显然不妥。这个时候就需要产品经理协调各种资源输出合理的解决方案。

这种主动参与协调资源，并最终实现方案落地的思维习惯有些类似于足球比赛中的前锋，任何一个优秀的前锋都需要用灵敏的嗅觉创造最佳进球机会，而不是等别人把球传到一个让自己很舒服就能射门的位置。主动寻求解决方案需要产品经理具有异于常人的非线性思维和资源优化的能力。

3. 目标导向思维

产品经理在企业内外通过资源整合与优化，实现产品从无到有的设计与研发过程。因而明确的以目标为导向的思维模式对于资源的整合及团队协作至关重要。人工智能产品的特殊性对这种目标导向的思维模式提出了更高的要求。

首先，产品经理需要具备前瞻性的视角，才能准确定义一款在市场上具备竞争力的产品目标。

其次，从技术角度和公司的资源现状出发，确保这样的目标是可以实现且可被量化的。产品的目标包含需求调研、产品设计、技术预研、产品研发、测试、上线运营等环节，每个环节又可以被细化为多个具体的目标。产品经理一方面需要明确阶段成果物、时间节点、标准，另外一方面，需要协调资源，将目标下发到每个团队成员头上。本书第 7 章会对这种端到端的产品管理方法进行详细描述。

1.4.2 构建知识体系：六大模块

人工智能产品经理应具备完整的知识体系，应至少包含六大知识模块，如图 1-14 所示。对图中每个模块的理解深度取决于具体行业特点和场景需求，请灵活把握。

（1）开发人工智能产品过程中的基础知识：包括产品所在领域术语、常见的技术架构、常见数据类型、测试方法等。

（2）平台和硬件支撑：包括云计算、大数据、人工智能平台（例如机器学习平台、实时计算平台等）、智能感知与互联（例如各种传感器、通信方式等）、智能芯片、边缘计算等。

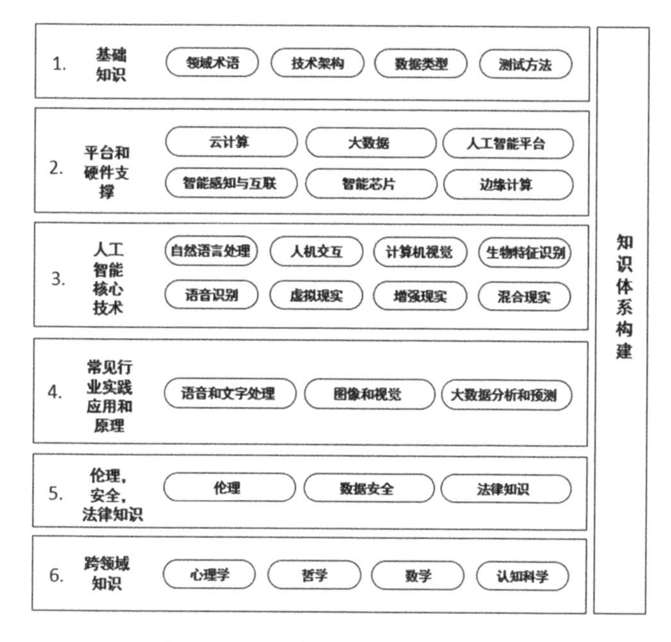

图 1-14 人工智能产品经理知识体系

（3）人工智能核心技术：包括自然语言处理（Natural Language Processing, NLP）、人机交互（Human–Computer Interaction, HCI）、计算机视觉（Computer Vision, CV）、生物特征识别（Biometrics）、语音识别（Automatic Speech recognition, ASR）、虚拟现实（Virtual Reality, VR）、增强现实（Augmented Reality, AR）、混合现实（Mix Reality, MR），以及算法基础常识等，并理解以上技术的应用场景和最佳实践。

（4）人工智能普遍应用的产品或服务可分为三大类：第一类是语音和文字处理，例如人工智能写新闻稿、机器人客服等；第二类是图像和视觉，例如自动驾驶、医疗影像诊断、机器人分拣、人脸识别等；第三类是大数据分析和预测，例如交互搜索引擎、智能推荐引擎、金融风控，健康风险管理系统等。

（5）行业知识体系：具体请参照第 2 章对行业知识体系的阐述。

（6）伦理，安全，法律知识：产品经理设计产品时应考虑到伦理、数据安全及产品所涉及的法律知识。因此需要对这些知识有体系化地认识和理解，以规避产品风险。

（7）除此以外，还需要跨领域的知识体系构建，包括：心理学、哲学、数学、认知科学等，人工智能的终极目标是设计出可以为人类服务的高级智能产品，因此相比于互联网产品，其所涉及的科学领域更加广泛。

一个人工智能产品的诞生通常涉及复杂的技术框架和系统集成，正因如此，市场竞争优势的建立很难依靠"一招鲜吃遍天"，产品之间竞争的层次和维度都与传统产品不同。要想在多维竞争环境中胜出，需要产品经理尽量具备全面的知识储备，必要的知识体系可以提供更好的视野并有助于快速准确地做出判断。本书第 4 章会详细描述人工智能产品体系中每个部分定义和价值。

1.4.3　参与工程实践

实践是最好的老师，你可以通过人工智能功能或产品的工程实践，快速积累包含需求定义、算法实现、工程管理在内的各方面的经验。哪怕是一个通过机器学习算法解决的二分类问题，也会帮助你对获取数据、数据预处理、模型训练及预测、模型评估环节有完整的理解，在和研发人员配合的过程中总结产品经理可以贡献的方式和内容。

要将工程实践中所学到的经验定期加以整理，并固化到你的产品管理工作流程中，那样无论你未来在哪一家人工智能公司里，都会用到这些产品管理经验。不同产品经理之间的差距也是在经验和工作方法论上表现出来的。更多有关工程实践的内容，可以参照本书第 6 章关于人工智能产品经理工作流程的内容。

第2章

懂行业的产品经理才不会被人工智能淘汰

我以前看过一段科技类访谈节目，记忆犹新，受访者是史蒂夫·乔布斯，讨论的话题是“电视行业的创新困境”。我整理了乔布斯在访谈中表达出的思考逻辑如下。

（1）电视行业的创新困境是由于市场推广策略导致的。

（2）电视行业中“补贴”的商业模式，给每个用户一个机顶盒（很低廉的月消费甚至免费）。

（3）因为这样的商业模式，导致没有人愿意单独购买机顶盒了。顺便列举具体的公司佐证。

（4）结果导致了用户面临的尴尬局面：自己的 HDMI 高清接口被不同的机顶盒占满了，而且每种机顶盒配套的 UI 都不一样，遥控器有一大堆。

（5）唯一能改变这种局面的方式就是回到原点，将所有的机顶盒都拆掉，换成一个具有唯一 UI 的机顶盒。但是目前无法实现这样的局面，因为我们改变不了目前主流的推广策略，而这与技术、远见无关。

（6）手机之所以和运营商合作推广，是因为手机的 GSM（Global System for Mobile Communication）即移动电话标准是全球统一的。但是电视不一样，每个国家都有自己的标准和政府监管方案。

纵观访谈中乔布斯的应答逻辑，尽管内容量不多，却显示出一个产品经理的思维方式和对行业理解的深度：行业的现状分析、竞争局面、用户使用的普遍体验、行业创新困境的根本原因、横向对比其他行业、本行业的政策因素和行业标准因素的特殊性。乔布斯对一个行业的理解渗透到了每一个关键节点。

请你问问自己，你是否能对自己的产品、所在行业有如此透彻的理解和认知？如果没有这种认知，谈何远见和创新？

人工智能时代的产品设计、规划、创新都对产品经理提出了更高的要求。产品逻辑、流程、页面的设计的同质化现象愈发严重，未来越来越多的重复性的产品设计工作会交给人工智能完成，人工智能行业对产品经理的想象力、创新能力提出了更高的要求。对行业的透彻理解才是产品经理这个职业的立命之本，离开行业理解谈创新是站不住脚的。

2.1 人工智能时代将公司重新分类

2.1.1 人工智能时代公司的分类方式

人工智能时代诞生了各种新的社会分工和商业模式。传统产品、商业模式和服务模式在被赋予人工智能技术后，实现了产品和服务的升级甚至商业逻辑的巨变。在不久的将来，世界上的任何一家公司或多或少都与人工智能有关，无论是直接通过人工智能技术获利还是直接采购成熟的人工智能技术中间件给自身赋能，这场全球的科技变革已经到来。

在这样的背景下，人工智能时代的公司大体上可以被分为三类，如图 2-1 所示。

1. 行业+人工智能公司

目前世界上绝大部分公司都是这种类型或即将变为这种类型，即依赖自身的多年领域积累，给用户提供人工智能赋能后的产品或服务。比如福特（Ford）、通用（GM）、日产（Nissan），作为传统汽车企业近几年在自动驾驶技术上投入了大量的人力物力，尽管市场上也出现了像特斯拉（Tesla）这样通过实施完全不同的造车理念的企图“弯道超车”互联网车企，但就目前情况看来，传统汽车企业在无人驾驶汽车行业中并没有显示出明显的劣势，全面拥抱人工智能技术并通过数据驱动核心业务升级是这类公司对抗造车“新势力”不谋而同的战略选择。

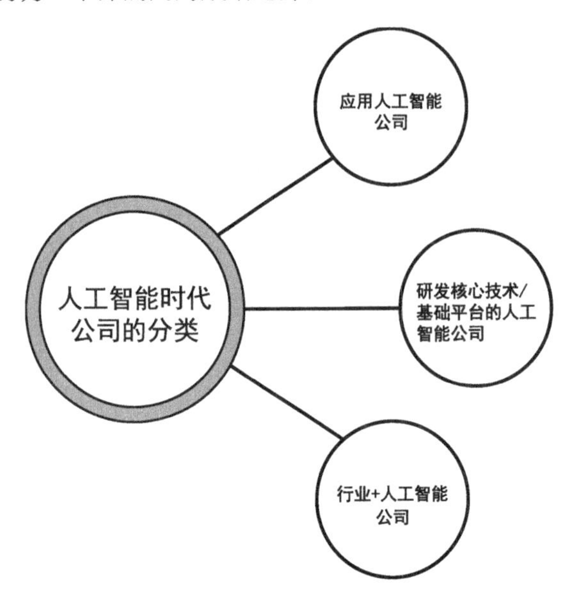

图 2-1　人工智能时代公司的分类

2. 应用人工智能公司

这类公司通常提供一种基础功能，客户可以通过调用封装好的应用程序编程接口 API（Application Programming Interface）进行对自身产品的武装或填充，而无须自己研发基础功能。例如人脸识别功能可以被应用到各种需要身份验证的产品中，语音识别功能可以被应用到各种人机交互的产品中。

中小型公司出于时间成本和资金成本的原因可以直接选择这类公司提供的开放接口，从而可以快速实现和大公司一样的人脸识别能力和语音交互能力。对于应用人工智能公司来说，不仅每多服务一个客户的边际成本很低，而且能帮助自身积累在该应用中的算法能力。

3．研发核心技术/基础平台的人工智能公司

中小型公司在投入人工智能的研发资源时首先要考虑一些技术上的“基础设施”问题，例如：数据从哪来？计算平台怎么建？建立企业自身的机器学习平台的投入产出比怎样？

全球已经有大量的创业型公司涌入了这个行业，它们就是从人工智能的底层平台需求出发，构建完整的从人工智能计算平台的硬件单元研发、数据治理、人工智能建模再到平台部署的人工智能的“基础设施”。有些大型互联网公司也在布局一些 PaaS 形态的基础计算平台和算法平台供客户直接调用，中小型公司只需要调用平台的基础组件和算法模型，就可以大幅缩减人工智能研发的投入成本和周期。

2.1.2　三类公司对产品经理能力的要求

产品经理在这样的时代背景下需要找到自身定位，并结合自身和公司的定位确定提升和努力的方向。我认识的很多产品经理，盲目地去学习深度学习算法，甚至有的明明是做某一垂直领域的产品经理，不去雕琢自己的行业能力，而去学习如何自建 LSTM（一种时间递归神经网络，适合于处理和预测时间序列中间隔和延迟相对较长的重要事件）。本书后面的章节会通过梳理人工智能产品经理的知识体系、工程实践中必备的技术知识，帮助读者有针对性地学习并节省宝贵的时间。

下面，就让我们一起分析一下上面提到的三类公司对产品经理的不同要求。当然，三类公司对产品经理的要求一定存在重合，我们在这里强调的是不同类型的公司有不同的需求侧重点。

（1）在行业+人工智能公司中，产品经理对行业的理解力和对行业趋势的洞察力才是核心。试想，一个不懂行业只懂技术实现方法的人，怎么能在老板面前申请更多的资源进行产品研发呢？如果你是老板，公司的从 0 到 1 是由你创建的，行业专家见过无数，竞争环境你再清楚不过，行业中的各种规律和陷阱都是靠真金白银的学费换

来的，难道就放心把产品交给一个对行业一知半解的产品经理任由其发挥？

因此，如果你处在第一类公司里，打磨自己对行业的理解永远是第一位的，做行业专家是前提，然后才是利用人工智能技术提升产品价值。

另外，由于当前阶段无论是技术积累还是实践经验都处于行业早期，因此“弱人工智能”（即机器不具备意识、自我、创新思维，而且单个产品只能在某一个特定的具体任务上表现出应用价值）的产品仍占据主流，行业会被细分成各种垂直场景。对于人工智能产品经理的需求同样会被不断细分，各种垂直场景中的产品经理都需要很深的行业理解能力。

例如聊天机器人按照不同对话场景又可继续细分为个人助理、售后、导购等不同类型的产品，疾病筛查领域人工智能产品会被按照不同的病症细分为糖网筛查、肺癌筛查、皮肤癌筛查等。过去，研发 HIS（医院管理信息系统）的厂商按照不同的流程阶段进行切分，而现在会被按照不同病症分割为不同科室的细分模块。在行业被细分的同时，设计产品的人才需求也被细分。

（2）在应用人工智能技术的公司中，由于商业模式主要以 TO B（企业级应用服务）为主，因此很多公司对产品经理的 KPI 考核之一就是项目回款，这就需要产品经理既要有一定的商务技能（例如售前、销售技能），同时又要具备一定的项目管理经验。

另外，因为不同的客户对产品的需求不同，必然需要定制化开发，产品经理要明确区分标准化产品和定制化产品，这对产品经理的需求管理能力也提出了较高要求。

除此以外，TO B 类产品的特殊性决定了在产品管理过程中要考虑产品的 CAC（Customer Acquisition Cost，用户获取成本）、产品的 LTV（Life Time Value，用户的终身价值）以及产品的 PBP（Payback Period，为获得用户而付出的成本的回收周期）。因此，需要产品经理在不断跟踪 CAC、LTV、PBP 三个重要指标的变化的同时，制定适时的市场策略、产品运营策略及产品的战略方向。

（3）在研发核心技术/基础平台的人工智能公司中，公司对产品经理的要求更侧重于其对底层技术框架的理解。例如，对于一家做基础平台产品的公司，公司的产品是基于 TensorFlow（Google 基于 DistBelief 进行研发的第二代人工智能学习系统）进行优化和研发的机器学习平台，并提供给第三方在线使用。为了实现公司的产品比原生 TensorFlow 有更强大的训练深度，你需要了解底层通信机制、稀疏参数更新原理等。因此这类公司更倾向于寻找从事过研发工作的产品经理。

2.2 什么叫作“懂行业”

由于人工智能技术原理的特殊性和人工智能产品架构的复杂性，从来没有一个时代像现在这样，对产品经理的行业理解提出过如此高的要求。此处，我用一个案例说明对于人工智能产品来说，懂行业有多重要。

文本情感分析和观点挖掘（Sentiment Analysis），又被称为意见挖掘（Opinion Mining）、主观分析（Subjectivity Analysis），是 NLP（Natural Language Processing，自然语言处理）的重要研究方向，是一种对带有情感色彩的主观性文本进行分析、处理、归纳和推理的过程。这种技术可以用来分析品牌优劣势和受欢迎程度的趋势，通过实时挖掘网络上的用户意见，了解每个品牌在不同维度上的优缺点，不仅可以帮助品牌厂商了解自身产品的不足，同时也可以通过对比竞争对手的优势制定精准的商业决策，有着很高的商业价值。

在人工智能工程实践中，带有情感倾向的词语领域适应性较差，也就是说同一个词的极性会随着领域、行业以及语境的不同而发生改变。例如，电商公司在爬取互联网上对衣服薄厚的评价做数据分析时，在冬季爬取的大部分有关衣服“薄”的评价是负向情感，而在对笔记本电脑的评价中“薄”代表的评价是正向的，因此在构建情感词典时会因语料、领域背景及任务的不同而采用不同的方法。所以，人工智能产品经理需要在团队研发过程中输入更多关于领域常识与行业背景，帮助研发团队缩短模型的调试和选择时间。

在这个案例中，产品经理输入的行业知识可以帮助研发人员，在构建情感词典时，选择有针对性的建模方法，例如，基于启发式规则的方法、基于图的方法、基于词对齐模型的方法和基于表示学习的方法等。如果没有这种行业理解的帮助，恐怕算法模型的性能调试还需要研发人员自己慢慢摸索。产品经理应主动和研发人员进行这方面的沟通，进行行业知识的普及，不要被动地等待研发人员在训练模型的时候向自己寻求帮助。

2.2.1 六种行业分析维度

那么究竟什么才能算是懂行业呢？我整理了六个基于行业分析的维度，读者可以根据自身行业特点增减分析维度，如图 2-2 所示。

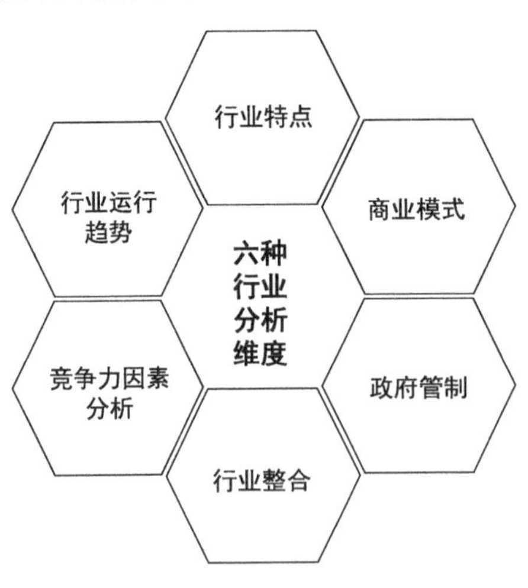

图 2-2　六种行业分析维度

（1）行业特点：行业的历史背景、当下的增长能力、与宏观经济周期的关系、固有风险及该行业在其他国家的发展规律等。

（2）行业运行趋势：产品经理应该去主动了解国内外的行业发展趋势和方向。包括供应商谈判能力、购买者谈判能力、现有同行竞争的局面、龙头企业（不应该只限定一家）目前面临的主要问题、有哪些成功的管理和技术经验、这些经验是否可以借鉴或复制、新进入者威胁、替代产品和服务威胁等。同时，产品经理应关注新技术在其他领域的成功应用是否会是本领域的创新机会。人工智能时代的到来是行业洗牌的关键时期，过去的规律在今天不一定奏效，因此能够把握趋势、顺势而为且能有一定预见性是产品经理非常重要的素质。

（3）竞争力因素分析：产品经理需要了解行业内价格、品质、质量、分销能力、上游资源、成本、产品差异、技术壁垒、管理水平、地理位置等方面的情况。除此以外，在人工智能时代的市场竞争中，公司的数据积累、算法积累、计算能力积累三方面无论是从短期还是长期来看，都占据较高的权重，在这方面产品经理需要格外重视管理和规划。

（4）行业整合：了解行业集中度、外资进入、收购兼并等。

（5）政府管制：了解行业的准入门槛、国家法规、价格、税收、进出口等。各国旧有的法律法规和行业标准显然在迭代速度上已经无法适应人工智能技术的迅猛发展了，国外相继出现了人工智能应用挑战法律法规的案例，例如在 2016 年，美国交通部发布了《联邦自动驾驶机动车政策》（Federal Automated Vehicles Policy）为自动驾驶技术的安全检测和运用提供指导性的监管框架。同年，美国白宫科技政策办公室（OSTP）下属国家科学技术委员会（NSTC）发布了《为人工智能的未来做好准备》（Preparing for the Future of Artificial Intelligence），探讨了人工智能的发展现状、应用领域及潜在的公共政策问题。

美国《国家人工智能研究与发展战略计划》(National Artificial Intelligence Research and Development Strategic Plan)，提出了美国优先发展的人工智能七大战略方向及两方面的建议。在这些报告中提及了知识产权、隐私和数据保护，以及数据使用、安全等标准建设的问题。我国也陆续颁布了相关法案和行业标准，比如 2022 年 9 月 5 日，《深圳经济特区人工智能产业促进条例》(以下简称《条例》) 正式公布，于 2022 年 11 月 1 日起正式实施。《条例》首次明确“人工智能”概念为“利用计算机或者其控制的设备，通过感知环境、获取知识、推导演绎等方法，对人类智能的模拟、延伸或扩展”。同时,《条例》明确了人工智能产业的边界，将人工智能相关的软硬件产品研究、开发和生产、系统应用、集成服务等核心产业，以及人工智能技术在民生服务、社会治理、经济发展等各领域融合应用带动形成的相关产业都纳入了人工智能产业范畴。因此，产品经理需要密切关注这方面的信息，确保公司产品可以合理、合法地参与市场竞争。

（6）商业模式：产品经理不仅是将商业模式落地的执行者，同时也是探索商业模式的先锋。因此产品经理需要关注行业的挣钱手段、产业链逻辑是怎样的、价值链是如何构成的等。以上五个行业分析的维度均对商业模式有直接或间接的影响，同时产品经理也需要利用以上的分析结果来树立自己在公司内部、外部的行业专家的形象。只有得到内外部的认可，才便于争取更多的公司资源及行业客户的认可。

2.2.2 行业分析案例

为了更好地说明如何成为行业专家，我用一个实际的行业分析案例来说明如何快速学习行业知识并获取行业趋势洞见。例如，你是做个人/家庭服务机器人的产品经理，需要首先按产业化程度和需求量大小对个人/家用服务机器人进行分类，如图 2-3 所示。

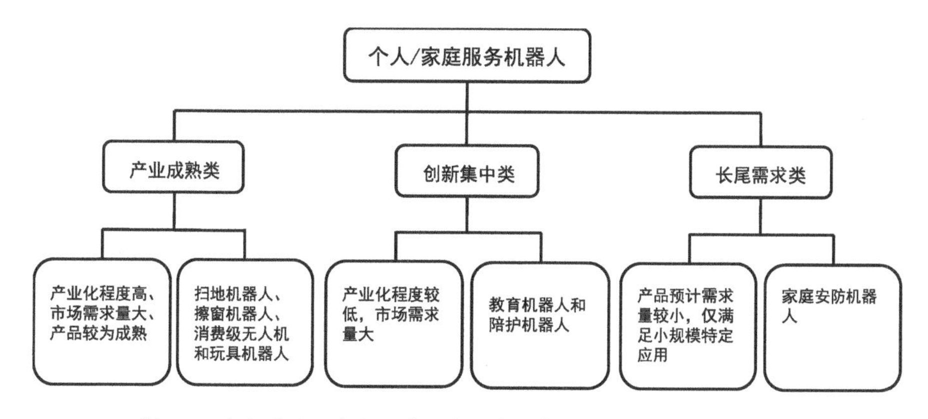

图 2-3　个人/家庭服务机器人分类（资料来源：安信证券研究中心）

另外，你可以通过市场调研报告了解个人/家庭服务机器人的历史销量及2022~2024 年的预测销量，如图 2-4 所示。

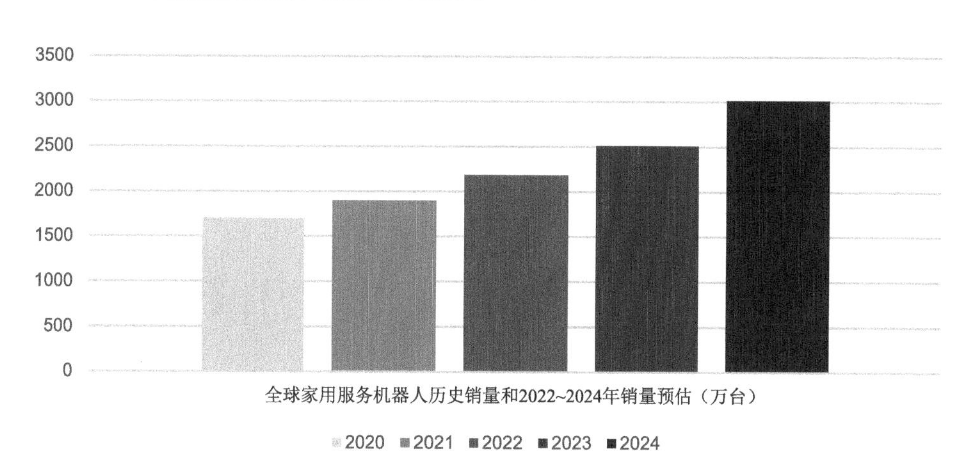

图 2-4　家用和娱乐机器人销量统计（资料来源：IFR）

另外，你应该了解驱动这个行业发展的关键在哪里，这需要从剖析服务机器人的构成开始。个人/家庭服务机器人是软件、电子组件和机械结构深度集成的产物。从产业链看，上游包括智能芯片、传感器、激光雷达等，中游包括操作系统提供商、AI 引擎（算法）提供商、云服务系统提供商等，下游包括集成应用、各种场景应用等，如图 2-5 所示。产品经理应深入了解供应链上的每个厂商是谁，了解它们的优劣势及市场格局，这有助于判断合作对象，构建合理的产品集成方案。

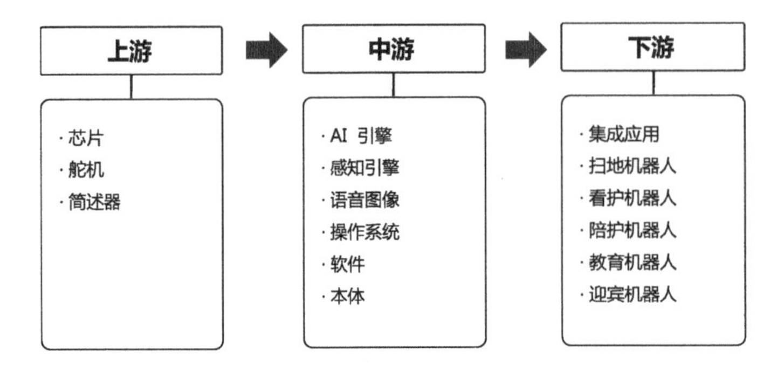

图 2-5 个人/家庭服务机器人产业链构成（资料来源：安信证券研究中心）

个人/家庭服务机器人的系统架构由应用软件、AI 引擎（算法）、机器人操作系统、核心零部件（智能芯片、传感器、激光雷达等）、本体五部分构成，如图 2-6 所示。其核心价值主要集中在核心零部件、AI 引擎、机器人操作系统三大部分。

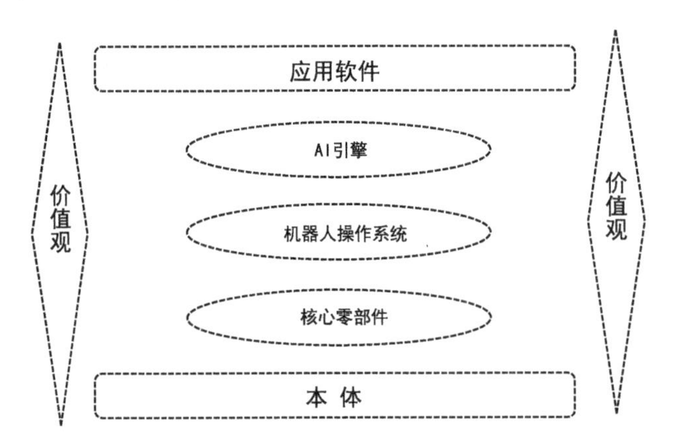

图 2-6 个人/家庭服务机器人系统架构（资料来源：图灵机器人）

（1）核心零部件是典型的技术驱动型产业，例如智能芯片包括 CPU、GPU、FPGA、TPU/NPU 等对处理感知计算，特别是视觉及深度学习起到了关键作用。产品经理应关注核心零部件的发展，由于硬件产品的集成本身就存在较高的替换成本，因此一旦选择了某种硬件集成方式，当产品量产后几乎没法替换。

但同时，这也是一种非常好的竞争壁垒，如果能拿到某种核心组件的独家技术合作，将与竞争对手在不同的赛道比拼。例如苹果公司收购了 3D 传感技术公司 Prime Sense，该公司为苹果提供了优秀的 3D 传感及精准的地理追踪性能，构成了 iPhone 的 AR、Animoji、FaceID 及人像特效拍摄等亮点功能的技术基础。这种判断就需要依靠产品经理敏锐的嗅觉来完成。

（2）AI 引擎部分主要包含自动语音识别（Automatic Speech Recognition, ASR）、计算机视觉（Computer Vision, CV）等各种感知交互技术。数据和算法是这个部分的核心竞争力。这部分具有技术迭代快、将最新算法成果移植到产品上相对容易的特点。

由于开源算法的普及以及机器学习训练平台的门槛越来越低，在这个领域中不仅会有大量人工智能创业公司涌现，而且传统行业也将加快掌握人工智能基础技术，并依托其积累的行业资源，参与到这个层面的竞争中来。人工智能时代比拼的是 AI 引擎能够在多大程度上辅助解决业务场景中的实际问题，算法不能停留在产品宣传层面，而需要具备实际价值。这需要考验公司的人才储备、行业资源积累及通过算法赋能产品的工程实践能力。

（3）机器人操作系统（Robot Operating System，ROS）的标准架构包含核心层、库、机器人功能和场景化应用。ROS 提供一系列标准的操作系统服务，例如硬件抽象、底层设备控制、常用功能实现、进程间消息以及数据包管理等。除此之外，ROS 还能提供相关工具和库，用于获取、变异、编辑代码，以及在多个计算机之间运行程序，以完成分布式计算，如图 2-7 所示。机器人操作系统是构建生态圈的关键壁垒，但是构建生态本身需要的时间周期较长、投入较大，因此这种突破口往往不适合初创企业。

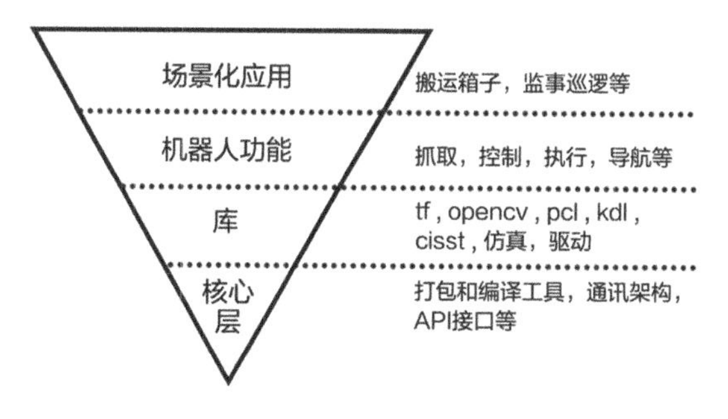

图 2-7　机器人操作系统架构

目前较为主流的机器人操作系统包括 Android、ROS。另外，不少国内的机器人操作系统也在蓄力和突破，如图灵机器人的 Turing OS、小 i 机器人的 iBot OS 和小智机器人的 SOS。还有典型的安卓系统开发的机器人 Otonaroid 和 Kodomoroid，如图 2-8 所示。

图 2-8　机器人 Otonaroid 和 Kodomoroid（资料来源：中新网）

接下来，产品经理需要对行业的标准了如指掌，而且是越早了解越好。了解行业中规范的设计和开发标准不仅能缩短产品设计中的基础探索周期，而且能避免未来由于产品不符合行业标准或规则而带来的风险。如果公司能参与行业标准的制定最好，即使不能，熟悉行业标准和规范对于产品定义、设计都非常关键。

例如《机器人性能规范》《机器人安全要求》可以指导产品非功能需求设计，《机器人系统与集成标准》可以保证产品的集成设计方案是合理且通用的，《服务机器人模块化设计总则》可以指导机器人的模块化设计等。目前国家已经公布的机器人行业标准已经多达 111 个。

2.3 如何修炼成为行业产品专家

了解你所在行业的不同维度只是帮你储备行业知识，要想成为行业产品专家，还需要在实践中将这些知识应用到产品规划和管理过程中。下面总结了三种构建产品竞争力的思路，每种思路都建立在对行业知识的透彻理解基础上，而且三种思路环环相扣、逐层深入。

2.3.1 以“点”切入行业

所谓的“点”，其实就是场景，要找到有商业价值的场景，并提炼出场景中可以帮助产品建立优势的关键点。要平衡场景对应的市场价值和你能解决场景问题的能力和投入。尤其对于创业公司来说，场景的选择要与自身情况结合，否则选择了正确的场景但是没有技术、数据积累或能够快速推广的市场营销策略，也形成不了核心竞争力，或者有技术积累但是找不到好的场景，也无法将自身的技术产品化并形成商业变现。人工智能产品经理可以从两个方面打磨自己对“点”的把握能力。

（1）人工智能产品经理应打磨自身对场景的理解和判断力，确保产品在市场中的定位是当下阶段最适合的。尤其是创业公司，往往只有为数不多的场景试错机会，对场景的理解不深入造成的失败案例在人工智能领域已经屡见不鲜了。

首先，人工智能产品经理需要确定该行业中的几个主要“价值场景”（例如，需求强烈且市场需求够大）。

然后，收集该场景中的基本信息：人物、时间、地点、做什么事、达到什么目的、之前的做事方式和解决方案、用户/客户期望的方式和解决方案等。

由于任何场景都不是独立存在的，因此还需要深挖与场景有关的干系人和干系场景。例如上下游企业在场景中扮演了什么角色，它们的哪些决定或做事方法会改变场景中的利益分配关系。衡量并比较与该场景类似或关联的其他场景是否有更大的商业价值。如果有，是否需要做出定位调整。在这里列举一个干系人分析的检查清单供参考，如图2-9所示。

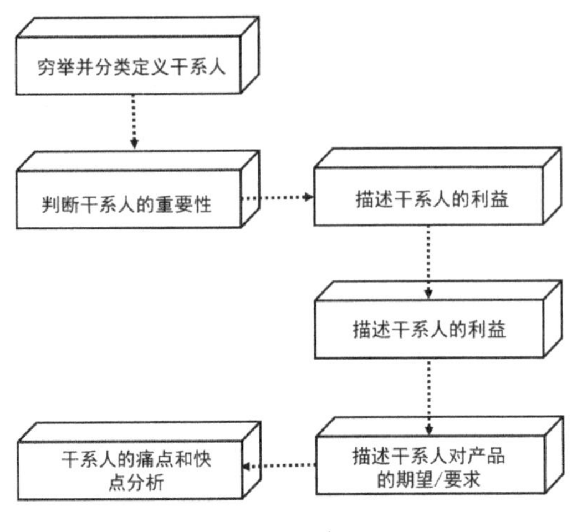

图 2-9　干系人分析检查清单

（2）人工智能产品经理要对行业内技术的发展和趋势有准确的判断，结合公司现状对公司的技术优势和差距有明确的认知。一方面，对外要了解人工智能技术在行业内的应用现状。例如在语音识别、机器翻译、计算机视觉、图像分类等领域中，现有的技术手段是否已经在本行业或其他行业被投入生产使用并具备成功案例。另一方面，对内要和技术人员经常沟通，了解团队的技术能力和潜力，评估公司在算法、计算能力、数据等方面的积累在行业中的位置。

综合以上两方面的所有信息，产品经理需要在产品定位（包括场景定义）和公司的技术现状之间找到平衡，尽管场景是牵引技术方向的指南针，但也不能脱离对公司的技术"天花板"的评估。对"点"的把握能力决定了产品能否进入一个行业并获得用户的初步认知。精准地找到场景并用有竞争力的技术手段研发出产品，是踏入行业的第一步。

2.3.2　深挖"点"，变成"线"

现代管理学之父彼得·德鲁克（Peter F. Drucker）曾经说过"企业的目的是创造和留住顾客。"在人工智能行业初期，一定是由技术驱动形成单个的场景应用和创新，随着市场同质化竞争日趋严重，企业一旦在某个“点”建立起竞争优势后，就需要快速转向“线”，即为客户创造更丰富的产品和服务，让客户不断看到新的价值和惊喜，最终积累更多的忠诚客户。

拥有对“点”的把控力，只是产品经理修炼成为行业专家的第一步。人工智能产品经理还要通过深挖场景价值，完善产品链条，即形成从“点”到“线”的变化。如果说互联网时代的主流价值观是“流量为王”，那么人工智能时代的产品就是“获得更多的超级用户”，这些超级用户创造了绝大部分的企业利润。企业靠“点”的创新只会保证其在第一阶段获取更多的初始客户，如果想要保住这些用户，而且要让他们变为忠诚的“超级用户”，就需要定制化、一站式的完整解决方案。

人工智能产品经理可以从下面几个方面进行从“点”到“线”的积累。

（1）深挖用户在场景中的需求，为用户提供解决方案而不仅仅是产品。举个例子：作为电商平台，给用户提供完美的网购体验并没有完，有些平台还会自建物流体系，延长服务链条，这么做在赚取额外利润的同时，还积累了大量会员。

当发现用户口袋里的钱不够时，没关系，用户还可以赊账，这样又衍生出了金融服务。按照这种逻辑规划出来的产品本质上就是解决方案，因为用户永远都会不停地挑剔、比较，只有产品的链条足够长，才能保持品牌持久的竞争力。而找到这样的“线”，就是产品经理尤其是人工智能产品经理重要的使命。

（2）挖掘用户数据中的价值，为用户创造惊喜。例如，如果你是做线上房屋租赁平台产品的，可以通过分析每个用户线上的行为和习惯数据建立个人的消费和信用模型，筛选出一些优质用户，以免租金和免租房押金的方式，定期提供福利和惊喜，甚至可以通过用户所在行业、兴趣爱好帮助用户匹配最适合的房东，当用户想换个地方住的时候还可以提供个性化建议。这就是一种典型的从“点”到“线”的思路。人工智能产品经理要通过人工智能技术挖掘那些从量变到质变的潜在机会，最终实现产品服务链条化，积累更多的忠诚用户。

2.3.3 横向拓展“线”，变成“面”

当人工智能产品完成从“点”到“线”的变化后，需要进一步巩固自身优势，让产品变成“面”。“面”包括两方面的含义，一是通过引入外部资源建立紧密的协同关系并构建更宽广的产品覆盖度，与用户产生更多的联系；二是指通过整合公司内部资源打通各产品线的数据和基础服务，形成公司内部的产品生态。

人工智能产品经理可以从两个方面进行从“线”到“面”的整合。

（1）整合外部资源，实现多元化协作：由于人工智能产品的架构复杂，数据、算法、计算能力想要实现快速积累并整合，在某种程度上可以通过对外协作和资源整合的方式实现。因此需要人工智能产品经理做好整合资源的准备并提出解决方案。例如高质量有效数据的共享及交易；和传统行业解决方案公司或业内具有影响力的客户从数据、行业资源等方面进行深入合作、优势互补；如果是做软件的公司，就和一些硬件供应商进行软硬技术的融合，通过整合上下游资源形成利益结盟。

人工智能行业的产业链协作还处于初期，未来越来越多的公司在研发自己的人工智能产品时会主动选择协作，人工智能产品经理在市场竞争中应保持和外部资源的密切关系，这不仅对公司来说是一种积累和扩大优势的方式，而且对于产品经理个人来说也是一种扩大个人在行业中影响力的途径。

（2）布局内部产品生态化：当公司的产品线变得丰富后，产品经理应通过构建人工智能统一平台，实现各条产品线的优势联合与价值共享。比如公司有三条产品线，每条产品线有大量的交叉用户，而且都包含搜索引擎、推荐引擎、智能售后机器人等通用功能，这个时候就可以考虑整合三条产品线的用户数据和算法（例如智能交互、语义搜索、智能匹配等），统一研发公司级别的搜索平台、个性化推荐引擎和知识图谱等。这样的公司级别的平台反过来为三条产品线的用户提供全方位的个性化决策服务。随着各平台对基础服务的优化，会增强各条产品线的竞争力，进而产生更多有价值的数据，最终形成良性循环。另外，当公司有新的产品线成立时，可以在公司现有平台基础上快速建立自身优势，快速融入公司的产品生态。

2.4 本章小结

本章首先从全新的视角对人工智能时代的公司进行分类。人工智能产品经理需要从一个全新的社会分工的角度，认识到过去的行业布局和竞争规律正在潜移默化地被人工智能技术撬动和改变。紧接着阐释了人工智能产品经理需要对行业至少有六方面的理解和认识，包括行业特点、行业运行趋势、竞争力因素分析、行业整合、政府管制、商业模式。本质上每个方面都是围绕竞争与合作、自身情况与外部环境展开的。最后，通过我自身的经验给出了一种从“点”“线”“面”三个不同层次修炼成为产品专家的思维模式。

如果你想成为人工智能产品经理，强烈建议你从了解行业开始，而不是一开始就学 Python（一种常见的机器学习编程语言），研究 CNN（卷积神经网络）、RNN（循环神经网络）。并不是说这些不重要，只不过作为一个产品经理，当你连自己的角色都无法扮演好时，即使你可以掌握再多的编程语言，具备再多算法调试的经验，公司也不敢雇佣你。

另外，养成良好的学习习惯，掌握适合自己的学习技巧非常重要。每个人都有自己擅长和喜欢的学习方式，因此要找到快速获取知识和经验的方式。如果你初来乍到一个行业也不要担心，只要你能掌握技巧，善于总结规律，多与行业牛人接触、学习并结合实践，我相信你一定会成为一名优秀的人工智能产品经理。

第3章 定义人工智能产品需求

如果你在互联网上搜索不同公司对产品经理的描述，就会发现在任何行业、任何级别的产品经理岗位中都会出现“需求”这个关键词。需求管理、需求定义、需求确认、需求跟踪等与需求相关的职责，都是公司对产品经理最基本的要求。产品经理是公司产品的负责人，而产品又可以为用户解决某种特定的需求，因此即使我们来到人工智能时代，产品依然是围绕用户需求来定义的，这个本质没有变。

互联网时代，电商平台的诞生是为了满足顾客快速、精准地购买合适的产品的需求，即重新构建了人与商品之间的关系。移动社交平台的诞生是为了降低人与人之间的沟通成本，重新构建了人与人之间的关系。医院的 HIS（医院信息系统）的诞生是为了管理和操作发生在医院管理和医疗活动中的信息，即重新构建医生、患者、设备之间的关系。

人工智能时代的产品，本质上是全面优化和提升上述所有场景中现有的技术手段，从而实现用户的体验升级和解决方案的效率升级。互联网时代的产品经理构建的是基础设施，在人与人、人与物、人与数据的关系上搭建桥梁，实质上是优化了信息存储和互通的方式，因此产品经理主要关注的是入口及流量的走向。人工智能实际上给人类带来的是技术创新驱动下的产业升级，本质上是关注产品本身的价值，如图 3-1 所示。

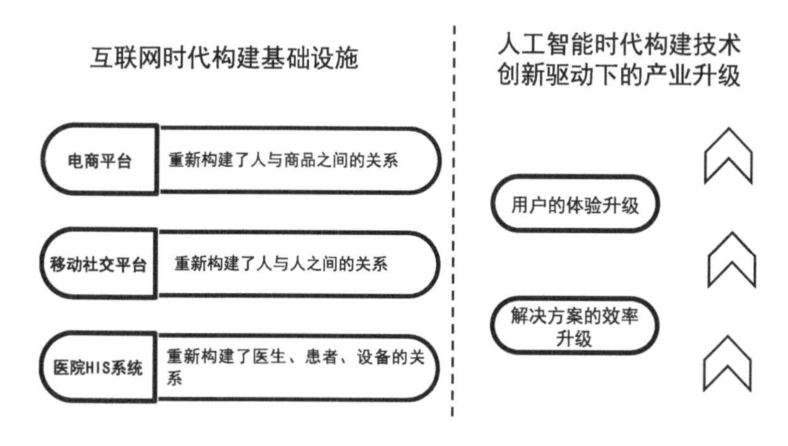

图 3-1　从互联网时代到人工智能时代

本章从功能需求、非功能需求两方面重新定义人工智能产品需求分析的工作流程和设计思路。

3.1 重新定义需求分析

人工智能技术的飞跃发展为产品设计和需求定义带来了新的思路和逻辑。新的趋势和变化可以被总结为以下 6 方面。

（1）产品逻辑化繁为简，用户学习成本降低。

人工智能产品的目标之一就是降低用户的使用门槛，尽量减少用户的交互流程，降低使用难度，让产品的使用过程接近用户的自然行为。例如：语音交互产品与传统的鼠标、键盘、手机触屏等交互方式不同，用户通过说话即可完成唤醒、查询、关闭和一系列复杂的人机语音交互操作；人脸识别身份验证，过去登录产品需要输入账号、密码、验证码，现在可以通过在镜头前露个脸实现快速登录。由于新技术的诞生，产品经理不能用“线性思维”设计产品，需要了解更多的技术可能性，尝试用“颠覆式思维”设计产品。

（2）从用户角度考虑投入产出比。

人工智能产品由于具有更复杂的系统架构和实现逻辑，某一功能的实现往往伴随着高昂的代价，而与此匹配的功能价值在很多情况下却不与之成正比。因此，对于产品经理来说，选择更容易展现其商业价值的需求作为产品的切入点很重要。尤其当产品或功能还没有被用户认可，或者当产品属于一个新的市场中时，最终的实现效果和价值都很难预估，产品经理应选择用户最“痛”的点或者直接和利益挂钩的点作为需求切入点。这个道理也解释了人工智能产品为何在制造业中落地实践相对较快，如图 3-2 所示。

图 3-2　人工智能在工业场景中的实践应用

人工智能产品的研发投入尽管很高，但产生的直接回报对于用户来说仍然非常划算。另外，广告精准投放、电商平台中的搜索推荐都是效果比较直观的，产品价值相对显性的场景，产品经理应在所处行业中找到这些场景。

（3）算法可解释性差，产品需要逐渐获取用户的信任。

使用到复杂算法模型的人工智能产品对于用户来说大多属于“黑盒产品”，工程师或产品经理均无法很好地解释实现的原理。在很多领域中，对于用户来说，如果不能证明算法的有效和准确性，就不会接受付费使用产品，甚至会对品牌产生强烈的抵触情绪。例如在某些基于数据挖掘的商品推荐引擎产品中推荐给用户的商品广告，如果不能让用户有被尊重的感觉，或者直接让用户有一种被侵犯了隐私的感觉，就会遭到投诉或弃用。

人工智能产品首先需要通过某个具体场景中的预测和推断能力证明技术实力，进而树立领域专业形象，步步为营地争取用户的信任。尤其当公司和品牌都处于刚起步的阶段时，更忌讳大步向前，因为那样反而容易遭到用户的抛弃。

（4）传感器技术的飞速进步，带来了多元化交互行为。

人工智能与传感器的融合，产生了良性循环，传感器采集的数据用来进行对算法模型的训练，算法模型的完善也提升了传感器数据采集的效率。

例如在无人驾驶产品中，关键系统和解决方案分别是传感器、高精度地图、高级辅助驾驶系统（Advanced Driver Assistant System，ADAS）和车联网。传感器作为无人驾驶汽车的感应系统，用来接收和感知行驶时环境的动态变化（如图 3-3 所示）；高精度地图为无人驾驶汽车提供全局视野；ADAS 负责对静态、动态物体进行辨识、侦测与追踪，从而预先让驾驶者察觉到可能发生的危险，有效提升汽车驾驶的舒适性和安全性；车联网能够保证传感器数据更新上传，保证无人驾驶汽车的状况与周围环境处于实时更新的状态。正是因为传感器的技术发展和成本的降低，使得 ADAS 的部署成本大幅降低。过去 ADAS 只能安装在高端汽车上，目前已经被普遍使用在入门级乘用车上。

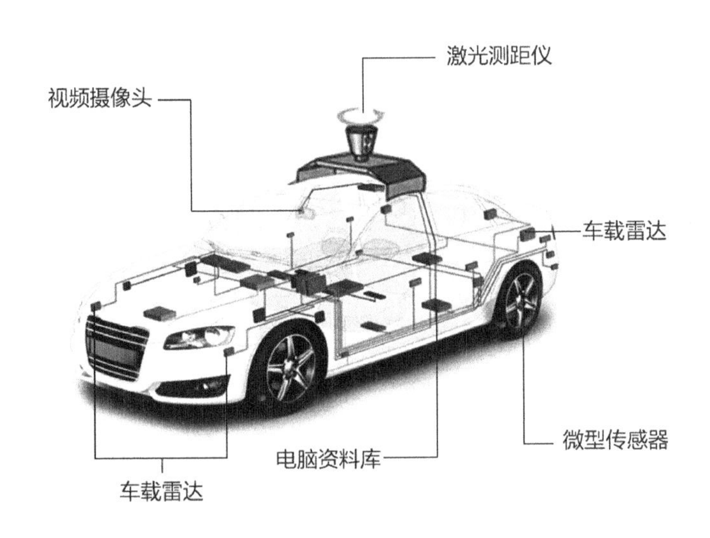

图 3-3　无人驾驶产品

日新月异的传感器不仅在机器人、无人驾驶领域有广泛成功的应用案例，而且可以为产品设计和定义提供更大的想象空间。产品经理应学会合理利用多种传感设备，创造更多交互方式来满足用户的需求。

（5）产品的需求并不一定来源于确定的因果关系。

在过去，产品经理根据用户明确的需求设计产品，产品研发出来的结果会和原型设计保持一致。但是人工智能的产品需要完全不同的思维模式，产品经理不再花大量时间和资源来寻找确定的因果关系，而是通过大量的数据挖掘手段探索出设计与需求的相关性，并用数据指导产品设计。

产品经理输出的需求未必是确定的页面内容，可能是一堆规则和策略。例如，Google Adwords，即谷歌关键词竞价广告，是一种通过使用谷歌关键字广告或者内容联盟网络来推广网站的付费网络推广方式，如图 3-4 所示。设计这个产品的产品经理一定不会告诉算法工程师给什么样的用户推送什么样的广告信息，因为产品是“千人千面”的。产品经理只需要给广告主提供后台的推广喜好配置功能以及推广效果管理功能即可，至于最终用户打开的页面如何显示，则是由算法模型计算后得出的结果，即搜索结果页面都是基于商家偏好配置和用户精准匹配算法实现的个性化页面。

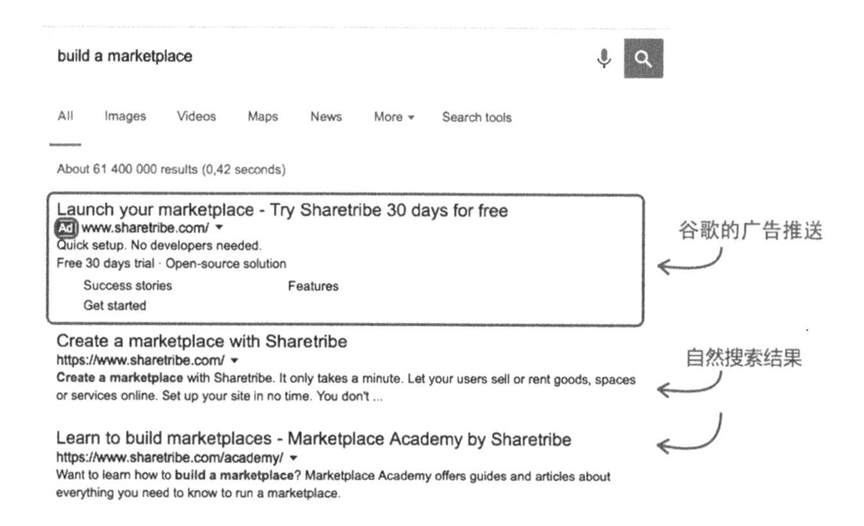

图 3-4　谷歌关键词竞价广告

（6）产品经理在开始需求定义前应充分了解目前技术水平和资源的局限性，避免定义一些研发很难实现的需求。

由于一个完整的人工智能产品体系的搭建通常需要考虑基础设施、数据采集、数据处理、推理和决策等若干环节，产品最终的实现效果取决于上面所有因素的协同。例如，设计一个提供多场景复杂交互的机器人产品时，由于对交互的实时性要求较高，系统应具备足够的硬件支撑，包括计算能力（GPU、CPU、FPGA、ASIC 等）、储存能力以及各种智能模组（如视觉模组、语音模组）等，因此需要产品经理在提出需求的同时综合考虑配套的硬件要求。

另外，在不同场景中对算法模型的准确率、召回率的要求大相径庭，需要在进行需求设计时区别规定不同场景对算法的衡量标准。有关技术预研的内容和流程在本书第 6 章中有详细介绍。

3.1.1 从微观、宏观两个角度定义功能性需求

在软件工程和系统工程领域中对功能性需求的定义是一个系统或它的组成部分为了达到某种目的必须提供的行为或服务。主要描述研发人员需要实现的功能，以便用户能够完成自己的任务，进而满足业务需求。通常来讲，产品功能性需求描述了某一具体的行为或功能，描述的内容往往与使用的技术无关。

功能性需求描述是产品设计的第一步，而且是产品定义中至关重要的一步，没人可以替代产品经理来定义功能性需求。在设计人工智能产品时，产品经理可以从微观和宏观两个角度展开功能性需求的定义。

（1）宏观：由于人工智能产品体系复杂，对某一个功能进行研发可能有“牵一发而动全身”的效果，尤其是某些功能如果要实现较好的效果，需要公司投入大量的资源。因此，产品经理应首先对公司的整体产品架构有清晰的认识，在这个框架体系内，

评估具体场景下的业务需求及功能使用场景，是否符合公司的整体战略规划，以及当功能需求被满足后是否可以为整个产品架构甚至公司带来益处。这样的思维模式有助于在需求定义之前将一些不满足公司整体战略目标的候选功能需求筛掉，并给出定义需求的优先级。同时，有了这样的“上帝视角”也有助于得到老板、投资人的认可，最终让公司从上至下达成一致。

如图 3-5 所示为某计算机视觉人工智能公司的整体产品架构图，该公司的整个产品体系可以被分为技术平台层、产品/服务层、解决方案层。技术平台层为产品/服务层提供了基础计算和分析引擎，而解决方案层是公司在标准产品基础上根据不同行业的特殊场景定制的一系列解决方案。产品经理应判断当前版本中的功能需求是属于公司哪个层面的，并结合技术平台现有的技术积累判断功能上线风险和投入成本。在明确的产品架构中定义功能需求可以保证需求的目标明确性及合理性。

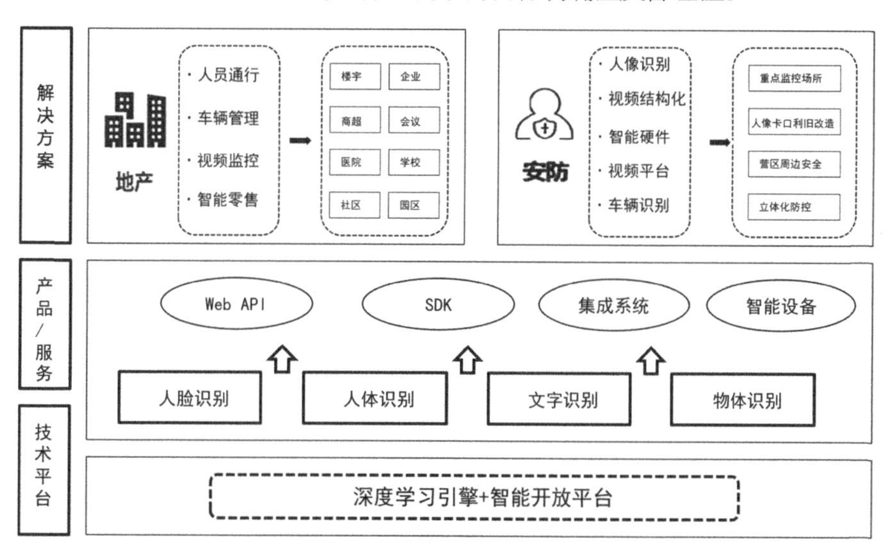

图 3-5　某计算机视觉产品架构图

（2）微观：产品经理一旦从宏观角度筛选出了优先级较高的功能，就可以从微观角度定义具体的功能描述了。产品经理应尽量给出明确的业务背景和业务目标，并且可以将目标进行量化。例如，在电商平台中可以通过 GMV（Gross Merchandise Volume，商品交易总量）提升率作为业务目标。产品经理需要和算法工程师一起在功能需求定义阶段明确功能的哪些指标可以被量化，以及算法依赖什么样的数据，并提供明确的验证方法。这样不仅有助于产品经理有的放矢地帮助团队协调公司资源或外部资源，找到高质量的数据集，而且有助于统一团队的迭代目标。有关需求量化的内容，在 3.2 节“量化需求分析”中有详细的介绍。

3.1.2 越重要，越容易被忽视：定义非功能性需求

非功能性需求通常被描述为一款产品的“质量属性（Quality Attributes）”“质量目标（Quality Goals）”或“非行为需求（non-Behavioral Requirements）”，常常被用来评价一个系统或软件的运行、服务情况。产品非功能性定义不仅决定了人工智能产品的质量，还在很大程度上影响产品的功能需求定义，是支撑产品功能性需求的重要因素。非功能性需求描述不清或缺失往往会为产品研发埋下重大隐患，甚至在产品上线后抵消功能性需求给用户带来的价值。同时，非功能性需求是成功的人工智能软件/硬件架构必须关注的关键要素。

往往功能性需求被很多需求分析师或产品经理认为和一款产品的需求画等号，而产品的非功能需求作为支撑产品功能需求的重要组成部分，却经常被人忽略，这是因为非功能需求用来规范和约束一款产品在设计和实施过程中的条件（比如产品的体验、可靠性、扩展性、安全性等），这些通常是架构设计师需要关注的部分，而往往是产品经理或需求人员所不擅长的方面。正因如此，建议架构设计师应尽早参与到需求分析中，通过分析需求的技术可行性，尽早考虑非功能需求，根据这些需求进行架构设计。

针对人工智能产品，下面列举了 5 种非功能需求：安全性、可用性、可靠性、性能、可支持性。每个产品的非功能需求都与行业背景、用户特征有关，因此产品之间不存在完全相同的非功能需求，需要产品经理有针对性地进行这方面的设计。

1. 安全性

（1）可得性：产品的数据和功能是否可以按照明确的权限系统控制访问权限，并且有效地拒绝未授权的访问？例如：得到授权的用户是否可以一直有访问权限？访问权限是否受到时间段或访问位置的影响？用户是否需要通过其他方式得到授权？类似这样的授权条件是否都已经描述清楚了？

随着机器人可以替代人类完成的任务越来越多，在设计机器人产品的时候需要产品经理明确机器人的控制权限设计，目前市面上流行的以语音唤醒为主流的机器人大多数并没有设计严格的权限策略，未来的机器人的能力范围会越来越大，严格的授权机制是产品必备的安全保证。

另外，机器人在未来还需要通过识别人类的情绪和生理状况判断指令的合理性。尽管用户具备控制权限，但同时也要拒绝用户的一些可能对其心理或生理产生损伤的操作，例如当检测到房间的分贝数已经超过安全的听觉范围时，机器人应对提高房间音响音量的控制予以警告。如图 3-6 所示是一款未来居家机器人原型。

图 3-6　居家机器人

（2）私密性：产品存储的数据受到保护，不会被没有授权的人得到。例如人工智能产品的部分数据经常被存储在云端，这样有利于产品定期的算法升级、BUG 上报等。尽管每个国家都出台了相应的数据隐私保护法，但是很多用户依然无法接受个人数据被上传到云端。尤其是一些居家机器人，因为要获得用户的视频、音频和各种家庭内部传感器采集的数据源，因此此类产品需要尽量将数据存储在本地，并实现局域网内部不同物联网设备的本地通信对话机制。

2. 可用性

国际标准化组织在 ISO 9241-11 标准中将可用性描述为“产品被具体用户使用，从而在具体的使用环境中有效地、高效地、满意地完成具体目标的程度”。同时，可用性也是软件产品的重要质量指标，是指产品对用户来说有效、易学、高效、好记、少错和令人满意的程度。可用性是从用户角度看产品质量，即用户能否用产品完成他的任务、效率如何、主观感受怎样。

我们经常提到的用户体验就在很大程度上受到产品可用性需求的影响。在描述可用性需求的时候通常要包含用户类型、具体任务、操作环境等方面。可用性需求描述通常与 UI/UX 工程师直接相关，可用性需求描述得越清楚，UI/UX 在设计产品时的目标就越明确。同时，可用性需求的描述还直接影响产品在进行可用性测试过程中的衡量标准。产品的可用性需求需要对用户有深入的了解，了解他们的使用习惯、对产品的期望、他们需要用产品完成的最终目标，以及他们使用产品时的真实场景等。

（1）易用性：易用性通常包含产品被理解、学习、使用和吸引用户的能力。

- 易理解性：使用户容易理解产品本身是否是用户需要的、如何能将产品用于特定的任务和使用条件的能力。通常要依赖于产品提供的文档和初始印象。
- 易学性：使用户能学习产品使用方法的能力。
- 易操作性：使用户能操作和控制产品的能力。
- 吸引性：指产品吸引用户的能力，通常涉及软件使自身对用户更具吸引力的属性，例如颜色的使用和图形化设计的特征。

更多关于易用性的描述请参照 ISO 9241（交互式计算机系统的人类工效学国际标准）。

产品的易用性需要产品经理具备换位思考的能力，真正站在用户角度设计用户能理解、好用和有吸引力的产品。举个例子，当产品经理要给老年人设计一款老年护理机器人，协助完成日常的照看、护理工作时，要充分考虑用户群体的特殊性，如产品需要具备更高的声音识别准确率、更清晰明确的交互反馈以及在一些设备上的物理按钮的颜色需要用醒目的红色等，都需要产品经理在充分理解用户的实际使用场景后进行有针对性的设计。

另外，产品的易用性是产品化过程中必不可少的因素，易用性较强的产品使产品可以快速地被用户理解、接受并感受其价值。虽然有句俗语“酒香不怕巷子深”，但是在用户需求变化如此之快的今天，产品经理应尽量降低用户理解和使用产品的门槛，快速传递价值。

（2）一致性：是否提出了产品的一致性需求？产品通常从流程、页面，到具体的按钮和操作都要有强烈的一致性。具备一致性的产品不仅会让用户获得比较自然的使用体验，而且更加容易建立用户的使用习惯。

通常一致性原则包含但不限于三个方面：设计目标一致性、外观元素一致性、交互行为一致性。设计目标保持一致有利于确保需求和设计方法不至于偏离最终的用户需求。当产品的每个元素、功能都是被设计来解决同样目标的时候，才能发挥产品最大的优势。

外观元素一致性通常是指产品设计风格的统一，例如一款 Web 产品从页面配色到页面元素都要保持风格的统一性。

交互行为一致性是指产品的交互设计保持统一，例如 Web 产品中的确认弹框在每个页面中的进行取消操作和删除操作时都会出现。

（3）观感需求：需求中是否描述了产品外观的风格、特征及意图？例如希望产品显得很时尚、产品应该让用户感到震撼、产品应显示出深厚的文化感、产品看起来价格不菲等都是对于观感需求的描述。

人工智能产品通常融合了颠覆性的创新技术手段，观感需求对于产品品牌的建立和识别非常重要。例如无人驾驶汽车的设计一定要与普通汽车不同，要有显著的识别特征，这样对于购买无人驾驶汽车的用户来说是一种尊重，他们可以通过汽车的强识别性展示自己品味的不同。如图 3-7 展现的是特斯拉 Model X。值得注意的是，观感需求强调的是外观的一个目标或意图，与产品具体设计方式不同，观感需求往往描述得更加抽象。

图 3-7　特斯拉 Model X

3．可靠性

产品可靠性是产品在规定的条件下和规定的时间区间内完成规定功能的能力。很多人工智能产品在设计中并没有提出对可靠性的需求，而在产品上线后才发现大量可靠性问题。产品缺失可靠性将面临巨大损失，尤其在一些本身对稳定性要求极高的场景中，例如金融交易、医疗诊断、交通行驶等。只有在设计需求的时候明确了产品的可靠性，测试人员在写测试用例、架构师在做产品架构设计的时候才会有倾向性地输出对应的成果物。

通常人工智能产品的可靠性可以从条件、时间和功能三个方面展开。条件是指直接与产品运行相关的、系统的状态和输入条件，或统称为产品运行时的外部输入条件；时间是指软件的实际运行时间段；功能是指为用户提供给定的服务时，产品所必须具备的功能。

常见的可靠性包含如下内容。

- 出错频率：是否已经明确了产品在使用过程中多长时间内（或在某些运行流程或运行条件中）的故障频率的上限是多少，是否明确了故障的严重程度？通常在描述出错频率的时候需要将产品的运行环境描述清楚。例如涉及软件产品运行时所需的各种支持要素，如支持硬件、操作系统、其他支持软件、输入数据格式和范围以及操作规程等。
- 自我恢复速度：一旦产品出现系统崩溃的现象，是否要在特定时间内恢复正常，即产品的复原性是否有约束或要求？有时候自我恢复速度也可以作为产品性能的一部分进行描述。

人工智能产品背后都有复杂的算法模型，一旦后台算法、模型发生变化，意图识别、推荐策略等都可能受到影响。另外，由于实时在线学习技术的引入，产品的运行状态监控和错误识别对公司的测试流程和平台分析架构都提出了新的挑战，传统的人工全量回归测试的效率和成本都是不能被接受的。人工智能产品经理应特别留意积累工程实践中产品的运行风险，并有针对性地提出可以被量化的可靠性需求，用明确的需求指引架构师和测试团队制定专门的工作流程和目标。例如，某些互联网公司会建立自动化人工智能产品功能测试平台，功能包括：持续监控和回归所有算法分类场景、及时定位具体 BUG 产生的环节、自动提交 BUG 清单等。

4．性能

一款产品的性能通常是在需求设计阶段就应该明确的一项指标，其很重要但常常被忽视，因为产品经理会通常认为这并不是他们应该担心的，而应该是那些性能测试人员去担心的问题。尽管性能分析和测试工具可以实现这样的性能测试结果（例如 LoadRunner，即预测系统行为和性能的负载测试工具），但性能测试报告往往在软件已经基本研发完毕的阶段才会生成，而那时候系统的架构设计已无法大范围地变更了，因此就需要产品经理在需求设计阶段将产品的性能指标定义清楚。通常来讲，产品针对性能需求的检查通常会包含但不限于以下几个方面。

（1）响应时间：是指系统对请求做出响应的时间。对于系统响应时间，有一个普遍的标准——2/5/10 秒原则。也就是说，在 2 秒之内响应客户，被用户认为是“非常有吸引力”的用户体验；在 5 秒之内响应客户，被认为是“还算不错”的用户体验；在 10 秒内响应用户，被认为是“系统很慢但也可以接受”的用户体验。如果超过 10 秒还没有得到响应，那么大多数用户会认为这次请求糟透了，或认为系统已经失去了响应。在人工智能时代，用户只会对系统的反馈要求更加苛刻。产品经理要调研、测试用户在不同场景中的忍受限度，并提出合理的要求。

（2）吞吐量：是指系统在单位时间内处理请求的数量，是产品性能承载能力的关键衡量指标之一。吞吐量在不同情况下用不同的指标单位进行衡量和描述：请求数/秒、页面数/秒、访问人数/天、处理的业务数/小时、字节数/天。具体的描述方式要根据产品的实际情况进行分析，在不同的场景下通常有不同的描述方式，例如数据库的吞吐量指的是单位时间内，不同 SQL 语句的执行数量；网络的吞吐量指的是单位时间内在网络上传输的数据流量。吞吐量作为一种人工智能产品的重要性能指标，直接影响了用户体验，产品经理应明确提出产品在不同场景中的吞吐量需求。例如，产品经理在设计一款带语音交互功能的智能音响产品（如图 3-8 所示）时，要考虑产品的并行接收命令和快速执行的能力，因为当产品在单位时间内接收到来自一个或多个用户的多条命令时，其处理效率直接影响了用户的交互体验。

图 3-8　智能音箱

（3）并发用户数：平均并发用户数的计算公式为“$C=nL/T$”，其中 C 是平均的并发用户数，n 是平均每天访问用户数，L 是一天内用户从登录到退出的平均时间，T 是考察时间长度（一天内多长时间有用户使用系统）。并发用户数是指在同一时间段内访问系统的用户数量。随着大规模的流式数据计算，深度模型在线学习技术的落地越来越成熟，人工智能产品的并发性能需要强大的计算能力，是对软/硬件技术的双重考验。例如，某些电商平台的在线学习的 TPS（Transaction Per Second，每秒事务数）会经常达到百万次级别。因此产品经理需要积累这方面的经验以预估软/硬件基础设施的投入。

与吞吐量相比，并发用户数的描述尽管更容易被理解，但是具有先天的“缺陷”，因为用户在使用软件的不同模式或场景下对服务器产生的压力（向服务器发出的请求量）是完全不同的。举一个视频网站的例子，假设该网站有 5 万名注册用户（系统用户数），在线统计中发现访问高峰期有 8000 个用户同时在线，在这 8000 个用户中，有 50%的用户停留在首页浏览各种视频栏目阶段（没有观看任何视频），我们认为，这部分用户对服务器产生的负担是非常小的，甚至可以忽略不计。有 20%的用户尽管登录了，但是并没有产生任何操作，剩下的 30%的用户正在观看网站里的视频内容，也就是说只有这 30%的用户真正对服务器构成了压力。因此，无法单从并发用户数这个指标来衡量系统的性能表现，还需要结合多维度的性能参数。

（4）资源利用率：一款软件产品的性能通常受到服务器的资源利用率（资源的实际使用/总的资源可用量）的影响，通常表现为处理效率降低，性能不能得到充分的发挥。软件的需求中如果能明确约束资源利用率的上限，在配套硬件设备的时候就能有意识地进行选择，最终可以应对软件性能瓶颈的意外来临。通常服务器的 GPU、CPU、内存的占用率是比较常用的资源利用率指标。当然，在描述的时候要将预期的最高并发量同时进行声明。

例如，由于 GPU 的稠密矩阵计算能力在某些场景中不能得到充分发挥，因此 CPU 和 GPU 的混合架构下的异构计算成了当前最具经济性的选择，如图 3-9 所示。某些产品中的服务在夜间是流量低谷，造成了大量设备的低 CPU 负载率，在这个时候可以将一些机器学习任务调度到这些机器上面，可以为公司节省大量的资源和成本。

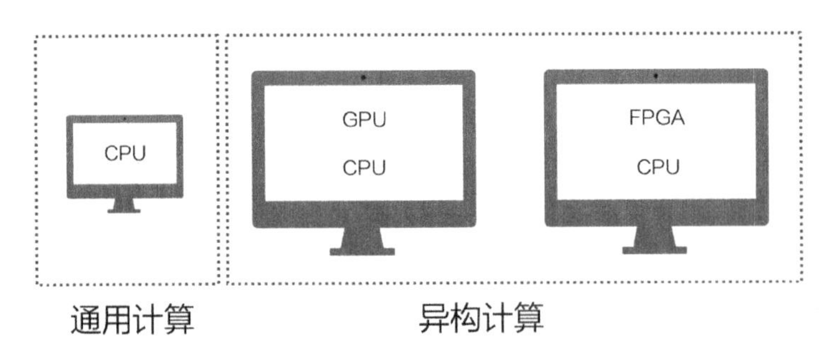

图 3-9　通用计算和异构计算

以上有关产品性能的需求描述对产品经理提出了新的挑战，一方面产品经理需要了解不同条件中产品可能受到承载的压力。另一方面，在资源利用率方面需要有粗略的预估，这需要产品经理洞察用户在使用产品不同功能时，以及进行交互操作时的习惯（方式、时间、时长等），只有了解用户的使用习惯，才可能预判出系统可能达到资源瓶颈的时机。这些认知不一定要求精确地量化，但至少要对各项性能指标有原理或理论上的理解。

5. 可支持性

（1）可扩展性

可扩展性（或称可变更性），即变更需求的时候是否影响非常大甚至需要推翻重来。可扩展性定义了一种系统在有新的功能性扩充的情况下，系统内部的结构和数据流受到较小或基本不受影响的能力。一个扩展性较好的软件产品应该能够以某种方式实现增长，并且添加、删除、增强、重构某些组件，对于其他组件的影响微乎其微。

产品经理和架构师需要针对产品未来的规划提前沟通，即在设计产品的时候保持前瞻性思维。要考虑未来的产品功能扩展的大致方向，并提前预判出某些未来一定会上线、但是不在当前迭代中的功能。对产品的前瞻性会极大地影响产品前期架构设计，并为未来进行功能扩展做好铺垫，从而降低推倒重来的可能性。

（2）可维护性

产品可维护性的定义：指产品可被修改的能力。可维护性可能直接影响产品在整个研发生命周期中的研发投入量。产品的可维护性除与良好的设计、完善的文档、严格的测试相关外，还与软件生命周期中的所有活动密切相关。因此，在产品生命周期的每个阶段，都必须充分考虑软件的可维护性问题。

在人工智能产品设计中，要站在整体产品架构层面全面考虑可维护性。例如，图 3-10 是一个智能服务机器人产品（可根据用户行为预测意图并推送帮助信息）的架构图，产品的可维护性要至少要考虑 5 个方面。

① 用户行为数据、外部业务系统数据的可维护性。

② 数据/计算平台的可维护性。

③ 预测模型的可维护性。

④ 包含规则引擎、数据拉取等基础服务的可维护性。

⑤ 推送消息的可维护性。

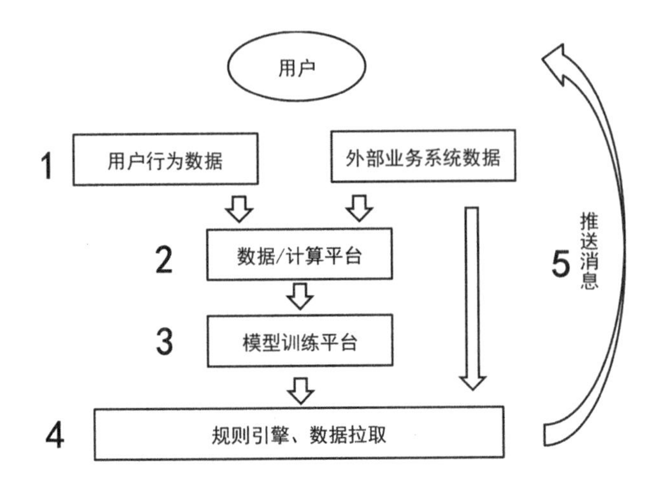

图 3-10　智能服务机器人产品架构图

（3）可安装性

软件产品的可安装性，代表着在不同环境下部署安装产品所需要付出的代价。如果有上万个需要安装升级的软件客户，那么一个快速、高效率的安装部署流程就意味着为企业节省大量部署、升级的成本。例如，Web 应用的自动化打包和发布可以采用 Docker 容器化部署方式，研发人员将配置集成到产品中，不需要运维人员关心具体的配置，可节省大量配置时间。

另外，产品的部署架构通常受到产品的定位、用户的需求、成本以及用户的使用体验等因素的影响。产品采用公有云、私有云还是混合云的部署方式对产品的可靠性、性能及可支持性均有比较大的影响。因此一款产品的部署架构应当在需求文档中描述清楚，并尽可能地考虑以上提到的这些决定因素。

最后，无论功能需求还是非功能需求，产品经理对需求的描述应尽量避免掺杂技术解决方案。因为可能有更好的方法实现这样的需求，而掺杂了解决方案的需求往往禁锢了研发人员和设计人员的思路。

3.2 量化需求分析

3.2.1 为什么要量化需求分析

我在之前的章节中提到过，人工智能产品的本质是通过概率思维来解决问题。另外，由于在基于深度学习技术的研发过程中，算法的可解释性较差，产品的展现形式好似“黑盒”，因此产品经理必须将需求进行量化表达，这样才便于对工作成果进行衡量。一般情况下，产品经理需要在迭代开始之前就提出量化标准，算法团队根据被量化后的业务目标进行技术可行性预研，得出调研结论后再和产品经理讨论。结果可能有三种。

（1）评估现有数据资源，发现存在“小数据”或弱标注数据的情况。那么如果要保证上线时间不变，则需要在算法精度上进行妥协，也就是说需要产品经理进行需求变更。

（2）若要实现产品经理提出的量化标准（可能包含某一个具体的业务指标或模型指标），还需要申请更多的资源（数据、人力投入、经费等）才能按时完成产品上线。

（3）基于现有资源在规定时间内可以实现量化要求。

当然，工程实践中可能出现多种可能性，产品经理需要总结类似的量化评估经验，通过和研发团队的沟通，了解团队技术积累现状以及算法能力的边界，这样才能保证在下一次的需求描述中将量化变得更靠谱，尽量减少需求变更和申请额外资源的情况。

量化需求分析不仅在前期技术预研和项目评估方面有好处，而且对产品研发、测试及上线后对产品功能的表现结果可以进行精准的验证。例如根据被量化的目标，测试人员在进行 A/B 测试（是一种分离式组间实验，为同一个目标制定两个方案，让一部分用户使用 A 方案，另一部分用户使用 B 方案，比较哪个方案效果更好）的时候，比较新的功能投放后的效果表现是否明显。

拿一个在电商平台中商品推荐功能举例。

商品推荐功能在新迭代中，经过 A/B 测试后发现，新的算法给 CTR（点击通过率）和 UV 转化率（指在一个统计周期内，网站的独立访客完成转化行为的次数占推广信息总点击次数的比率）分别带来了 2.4%和 4.1%的提升，而这样的表现超出了一开始产品经理量化的目标，即 CTR 和 UV 转化率各 2%的提升目标，因此我们认为，这样的表现足以证明该功能值得被全量推广使用。而如果在测试后发现效果提升不明显或 CTR 和 UV 转化率还不如过去的时候，产品经理需要跟研发人员开会讨论到底是算法调优问题——测试过程中样本选取的置信度不够，还是产品需求的量化标准一开始就定得离谱。当团队再一次达成共识后，产品经理需要提出改进设计方案，重新进入研发环节，再到 A/B 测试环节，直到实验结果达到可以被全量推广应用的程度，即完成了新版本的迭代。整个流程如图 3-11 所示。

类似这样的以量化需求为基础、以 A/B 测试为验证方式的研发过程可以被看作是一种典型的通过数据驱动决策的案例。整个团队都会从这种工作流程中受益，当一个功能被设计出来后，是否有合理的量化标准是对产品经理的一种要求；当需求被合理地量化出来，研发人员可以根据量化的标准去实现产品；测试人员也可以通过明确的测试目标进行算法能力的测试。团队都会养成用数据说话的习惯，功能设计得好不好，合理与否，需要用数据说话，而不是任何人拍脑袋想出来的。

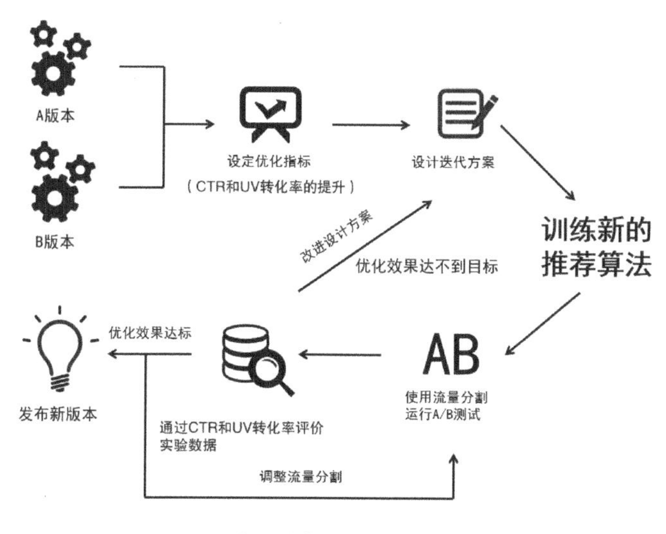

图 3-11　商品推荐功能的 A/B 测试流程

3.2.2　怎么量化需求

量化需求显然对产品经理提出了更高的要求，因为产品经理不仅要熟悉产品使用场景，还需要了解技术的边界，对产品进行量化定义。下面就列举出几个量化需求的关键步骤，这几个步骤仅针对以机器学习为实现手段的产品功能。在工程实践中由于实现产品目标绝不仅仅依靠机器学习，而且通常评价功能或产品的效果好坏还需要引入更多的外界标准，这就需要产品经理针对自身业务特点自行总结。

1．明确需求符合产品愿景

要先明确产品的业务需求，业务需求包含：业务机会、业务目标、成功标准以及产品愿景。某些企业将这部分内容纳入到市场需求文档中。功能需求和非功能需求必须与业务需求建立的背景和目标达成一致，任何无助于业务需求目标达成的需求均不宜列入研发计划中。保证业务需求文档的明确和清晰，有助于整个团队快速判断某个需求的提议是否应当在项目迭代范围内。在项目进行中增加任何新的需求，都需要对照业务需求进行检查，保证产品不至于偏离轨道。

可能你会问，不是要量化需求吗，为什么还需要符合产品愿景？那是因为产品愿景和产品成功标准本身在人工智能产品中就是需要被量化的。例如：某电商平台在今年需要通过优化推荐算法实现 GMV（平台类电商的通用说法，是指拍下金额，包括付款和未付款的总额）同比提升至少 30%。另外，在自动驾驶领域中，美国国家公路交通安全管理局（NHTSA）、国际自动机械工程师学会（SAE）都有各自的分级标准。其中，以 SAE 分级最详细，也是美国交通部选择的评定标准，分为 0 到 5 级，分别对应不智能、驾驶辅助、半智能、条件智能、高度智能、完全智能，如图 3-12 所示。一款自动驾驶汽车，产品的愿景可能是实现某个级别的自动驾驶标准。产品需要实现的目标可以被分为宏观目标和微观目标，两者同样重要，且缺一不可。

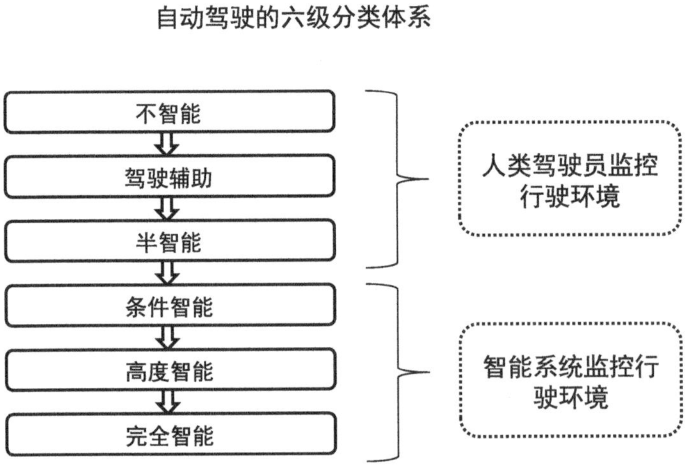

自动驾驶的六级分类体系

不智能
驾驶辅助
半智能
条件智能
高度智能
完全智能

人类驾驶员监控行驶环境

智能系统监控行驶环境

图 3-12 自动驾驶的六级分类体系

2. 找准需求的场景

确定了产品的宏观和微观目标，产品经理需要分析每个目标对应的使用场景。由于目前人工智能的科研及应用都可以被称为“弱人工智能”，即机器不具备意识、自我、创新思维，而且单个产品只能在某一个特定的具体任务上表现出应用价值。因此，如果不能将产品愿景拆分成具体场景目标，是无法对需求进行量化的。例如：

在慢性病筛查领域中，糖网的筛查和白内障的筛查尽管都需要采集眼底成像数据，但是由于医学上的诊断策略不同，导致在特征提取、数据训练方面的工作内容完全不同。不同的病症的诊断标准完全不同，因此需要产品经理一开始就明确功能是面向具体哪类病症的，才能进一步对标准进行量化。不同病症的影像辅助诊断如图 3-13 所示。

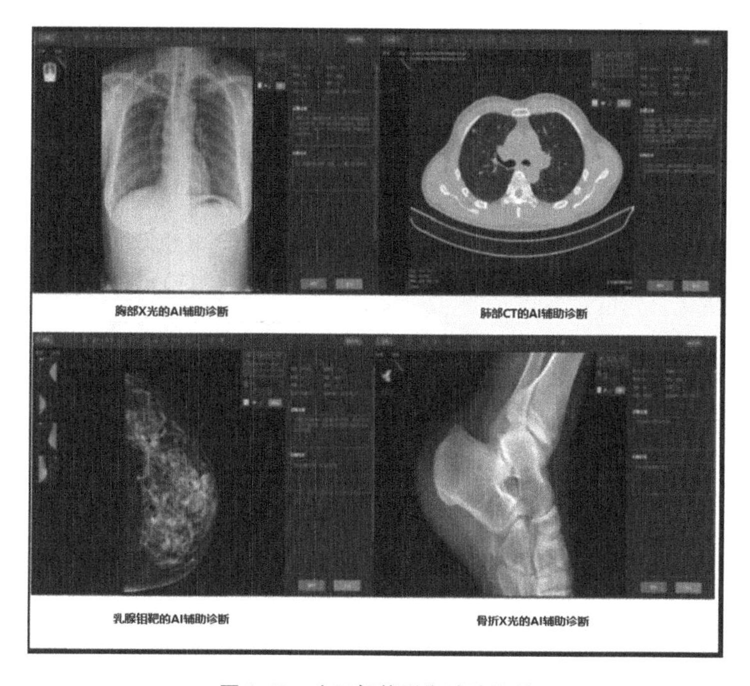

图 3-13　人工智能影像辅助诊断

3. 定义场景中的可量化标准

确定了具体的微观目标，并从产品的微观目标中拆分出不同的场景目标，下一步就该定义可量化的标准了。即使是在同一个领域中，不同场景下对算法的评估标准都完全不同。这就是我在本书第 2 章中反复强调产品经理需要成为行业专家才不会被淘汰的原因。

我们还是拿眼科疾病筛查为例。

总结以上提到的内容，定义场景中量化需求有如下步骤（不同场景顺序可以灵活变动）。

（1）考虑内部因素。需求量化需要考虑，不同类型的数据集训练出的模型可能完全不同，模型的量化标准要按照不同类型的模型区别对待。例如，手持眼底相机成像效果差，而三维 OCT 采集设备的数据质量较好，两种不同数据训练出的模型效果肯定不同。另外，医生的标注是否权威详尽，专家知识储备和经验是否是经过权威认证的，这些都是在进行需求量化前需要考虑的因素。

（2）考虑外部因素。对于同一个场景中的不同使用者，要定义不同类型的量化标准。例如要把医生的平均技术水平考虑进去，社区医院医生的临床经验通常不如三甲医院，因此量化目标也会不同。

（3）参考同行业表现。产品经理在量化需求过程中，还要参照国际上同行的普遍水准，考虑市场中的竞争局面和竞争对手能够达到的水平，因此产品经理需要参考同行的表现及国际上先进的水平。

（4）输出对模型预测精度的合理期望。例如在二分类问题中（如图 3-14 所示），准确率，精准率和召回率是常用的评价指标。

实际值 \ 预测值	Positive	Negtive
正	TP	FN
负	FP	TN

图 3-14　分类器预测结果矩阵

TP：将正样本预测为正。FN：将正样本预测为负。FP：将负样本预测为正。TN：将负样本预测为负。

准确率= 预测对的/所有 = （TP+TN）/（TP+FN+FP+TN）

精准率：P = TP / (TP + FP)。精准率表示在已经得到的预测为正的样本中实际为正的样本的占比。

召回率：R = TP / (TP + FN) 。召回率是指预测为正且实际也是正的样本数占所有的正样本的比例。

F1 值（精确率和召回率的调和平均）：2/F1 = 1/P + 1/R。

F1 值是综合精准率和召回率指标的评估指标，用于综合反映整体的指标。

另外灵敏度以及 AUC 也是评价模型表现的常见标准。

在工程实践中，由于场景需求不同导致精准率和召回率的侧重点不同。例如银行对百元假币预测时，对精准率的要求就极高，需要尽量做到检测出的假币 100%是假币，里面没有真币；而在医疗过程中，对肿瘤的预测就需要具备较高的召回率，绝对接受不了“真的肿瘤患者被检测为健康”的情况。

可能你要问，为什么不能提出一种方案让精准率和召回率都很高呢？因为实际上，这两者在某些情况下是相互矛盾的，需要产品经理根据用户的实际需求进行平衡和微调。例如公安部门通过人脸识别产品抓捕通缉犯人时，首先要保证不能有漏网之鱼，用户的需求是产品的召回率越高越好，这时候精准率就需要降低，即系统可能会将一些没有犯罪的人也筛选出来，带来的结果就是需要公安人员再进行人工筛选，将那些被误认为是通缉犯的平常人筛掉。在不改善人脸识别算法的前提下，对召回率要求越高，人工筛选的工作量就越大。因此就需要对算法进行微调以实现工作量和办案效率的平衡。

产品经理应关注用户的需求优先级，需要在产品可以实现的价值和给用户带来的额外工作量之间找到平衡，并依此给出量化标准。

（5）根据具体场景定义算法特殊指标。需求的量化要参考场景或行业中的特殊要求。例如，模型的使用场景是临床应用，那么还要评价模型的计算速度（医生和患者不能忍受临床诊断等待时间过长）、鲁棒性等多方面性能指标。

量化需求不意味着当前的和产品能完全替代人的工作和能力，在绝大多数场景中其只是起到辅助作用。就以上面的眼病筛查产品为例，糖网只是许多病症中的一种而已，只能为医生筛查一种眼病，这依然不能提升工作效率，因为医生每次诊断仍需要把所有拍的眼部片子都亲自看一遍才能避免漏诊成其他眼病，而医生真正期望能得到的是可以筛查多种眼病的产品。

因此产品经理需要深入了解自己所在行业的用户特点，并对产品进行合理的包装，产品追求的不是完美，而是商业价值和变现能力，用户的认可才是评判标准，如果一味追求模型精度而忽略了成本、市场时机、竞争格局，产品一样会失败。产品经理需要能站在公司角度思考产品的 ROI（Return on Investment，投入产出比）。

第4章

人工智能产品体系

目前，很多公司在招聘人工智能产品经理的时候，都要求候选人具备一定的人工智能产品的工作经验。由于人工智能产品的原理和逻辑都相对复杂，技术层面与神经网络、模式识别、数据挖掘、知识发现等不同领域都有千丝万缕的关联。再加上产品的实现过程和技术原理对于用户来说是完全的“黑盒”，因此产品经理如果没经历过人工智能产品的工程实践，很难弄清楚人工智能产品到底是由什么组成的，以及是怎么被设计和研发出来的。没有这些知识基础，自然在面试人工智能产品经理职位的时候会信心不足。

本章将复杂的人工智能产品体系从众多人工智能产品形态中抽象出来。首先，描述搭建一个人工智能产品需要怎样的基础架构。其次，剖析架构中每个组件的含义，以及其对整个体系起到的作用和扮演的角色。最后，分别展开每个组件的内容，列举了一些有代表性的或常见的技术作为知识普及。掌握本章内容可以帮助读者入门人工智能产品设计。

4.1 人工智能产品实现逻辑

通常，一款人工智能产品的诞生涉及语音识别（ASR）、语音合成（TTS）、计算机视觉（CV）、自然语言处理（NLP）、文本/语义理解（NLU）等多种技术领域的交织或集成，这就注定了任意两款人工智能产品的形态、架构、技术应用可能完全不同。尽管如此，看似完全不同的人工智能产品，本质上也可能有着类似的实现逻辑。人工智能产品经理只有从根本上理解人工智能产品的逻辑，才能从宏观上把握产品的脉络，并在某一个环节有针对性地投入精力进行钻研和学习。

人工智能产品的目标是模拟和延伸人的感知（识别）、理解、推理、决策、学习、交流、移动和操作物体的能力等。纵观历史，人工智能产品的实现逻辑都遵循从感知到认知，从识别到理解、决策的逻辑过程。感知（识别）是人工智能实现的第一步，也是当前人工智能产品在落地实现过程中表现最好的领域。机器学习特别是深度学习在感知（语音和图像识别）上已经取得了历史性的突破，而理解和决策在当前还需要通过机器学习和人类指导相结合的方式才能实现。

由于目前强人工智能还处于研究阶段，因此主流的产品都属于“弱人工智能”范畴。一个最简化的弱人工智能产品实现流程可以被概括为：通过海量数据的训练和学习，从中识别规律和经验，当新的数据进入时，机器可以在某些方面具备接近人的感知、理解、推理的能力。

> “弱人工智能是指不能真正实现推理和解决问题的智能机器，这些机器从表面看像是智能的，但是并不真正拥有智能，也不会有自主意识。迄今为止的人工智能系统都还是实现特定功能的专用智能，而不是像人类智能那样能够不断适应复杂的新环境并不断涌现出新的功能，因此都还是弱人工智能。”
>
> 《人工智能标准化白皮书（2018版）》

通过从角色分工、处理过程、功能价值三个不同的角度描述一个通用的人工智能产品体系如图4-1所示，内容参考《人工智能标准化白皮书（2018版）》。

整个体系中，有四类重要角色。

（1）基础设施提供者，为整个产品体系提供了计算能力、产品与外界沟通的工具，并通过基础平台实现支撑。

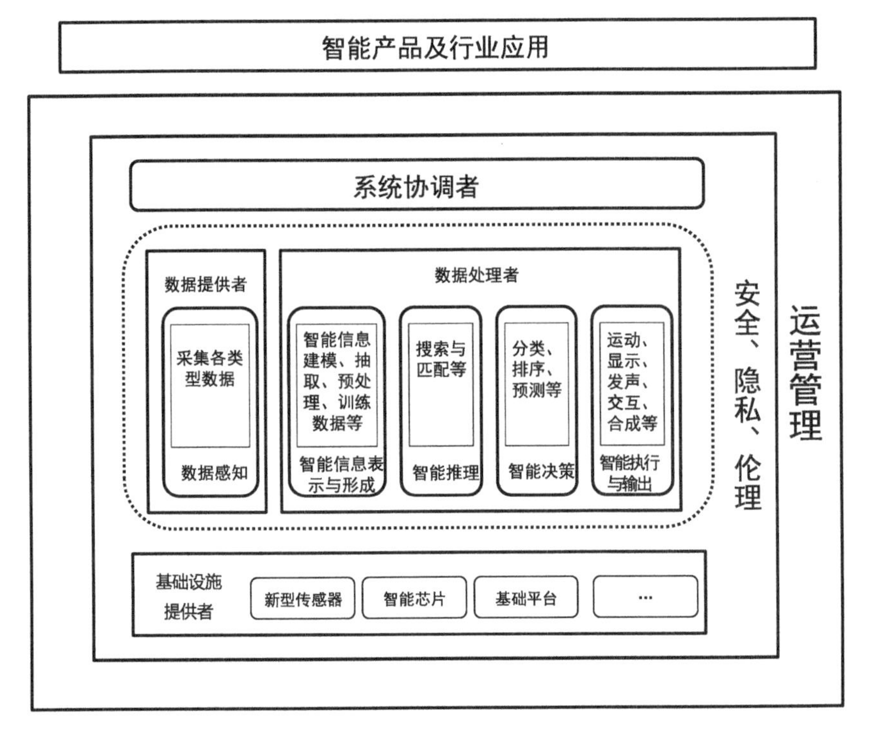

图 4-1　人工智能产品体系

（2）数据提供者，是体系的数据来源，为后续的数据处理提供充足的“养料”。

（3）数据处理者，代表着各种人工智能技术和服务提供商，主要负责智能信息表示与形成、智能推理、智能决策及智能执行与输出等工作。

（4）系统协调者，负责系统的集成、需求的定义、资源的协调、解决方案的封装，以及除研发以外一切可以保障人工智能产品顺利运行和在行业落地所需的工作。

接下来，我们从数据流转和处理的角度分析整个人工智能产品体系。

整个人工智能产品体系作为一个动态流程，本质上都是围绕数据采集、存储、计算展开的。传感器制造商作为基础设施的一部分，提供了针对互联网和物联网的数据采集工作的各种软/硬件产品，包括传感器、摄像头、麦克风、触摸屏、网络数据采集器等。智能芯片和系统开发商提供基础设施中所需要的运算能力，例如GPU、CPU、FPGA、ASIC等。基础平台包括分布式计算框架提供商及网络提供商提供的平台保障和支持，包括云存储、云计算以及通讯网络等。

首先，数据提供者利用各种数据采集手段采集原始数据。数据处理者完成对数据的加工（包括清洗、转换、归一化、拆分、采样等处理方式）。接下来，为了实现智能推理和决策，数据处理者需要进行模型训练，按照不同的产品/功能目标使用分类、推荐、回归、聚类算法训练模型。数据处理过程是人工智能产品实现模拟人类行为能力的核心，目标是从数据中获取“经验”，形成模型，并对新问题进行识别与预测。最后，将新数据输入到训练好的模型中，并输出结果，推断的结果支撑了产品对外表现出的智能执行与输出，表现形式包括：运动、显示、发声、交互、合成等。

以上从数据提供者到数据处理者的流程传递，完成了“数据—信息—知识—智慧”的过程。随着数据的采集，整个过程是动态循环进行的，即实现了“训练—推断—再训练—再推断”的过程。

在整个人工智能产品的开发和迭代过程中，需要系统协调者（包括产品经理）完成系统的集成、需求的定义、资源的协调、解决方案的封装以及一切可以保障人工智能产品顺利运行和在行业落地所需的工作。当产品上线后，需要持续投入资源进行产品运维管理，主要包括日常的运行维护、故障处理、变更升级，最终保证产品可以稳定地运行。

另外，人工智能产品在设计和开发的过程中，四种角色需要考虑安全、隐私、伦理这三大影响因素，这三者约束了人工智能产品的边界，抑制了产品的野蛮生长。下面，就基于这个逻辑架构逐一介绍每个组成部分。

4.2 基础设施

4.2.1 传感器

传感器是一种物理装置或生物器官，能够探测、感受外界的信号、物理条件（如光、热、湿度）或化学组成（如烟雾），并将探知的信息传递给其他装置或器官。传感器的作用是将一种信号模式转换为另外一种信号模式。按照应用领域不同，可以将传感器分为如下类型：压力传感器、湿度传感器、温度传感器、PH 传感器、流量传感器、液位传感器、超声波传感器、浸水传感器、照度传感器、差压变送器、加速度传感器、位移传感器、称重传感器、测距传感器等。

在人工智能领域流传一句谚语“Garbage in，garbage out”，即表达：数据作为人工智能的养料，其质量决定了最终人工智能模型和落地效果的成败。在某些信息化程度较低的传统行业中，生产或业务场景中产生的大量数据，因为缺乏有效的数据采集工具导致数据缺失，而由于数据的“质”和“量”是限制人工智能训练出好模型的主要因素，数据问题成为人工智能产品的“天花板”。

大量传感器的引入是弥补这个缺口的重要手段，不仅在采集阶段需要传感器的引入，而且在模型优化阶段也需要大量的数据反馈作为调优依据。因此，从某种程度上可以认为，传感器的引入是人工智能给传统行业成功赋能的关键。近些年，传感器技术快速发展，已经在各行业广泛应用，主流的传感器类型可以分为如下几种。

（1）生物传感器（Biosensor），是一种将各类型的生物响应转换为电信号的分析设备。是由固定化的生物敏感材料作识别元件（包括酶、抗体、抗原、微生物、细胞、组织、核酸等生物活性物质）、适当的理化换能器（如氧电极、光敏管、场效应管、压电晶体等）及信号放大装置构成的分析工具或系统。目前生物传感器主要被用于医疗保健领域（例如糖尿病人的血糖监测）、食品检测领域（例如测定食物尤其是肉食及蜂蜜中抗生素、生长促进素等的药物残留）、环境检测领域（例如河流污染物检测）等。图 4-2 中展示的就是一款监测人体体征的生物传感器（概念产品）。

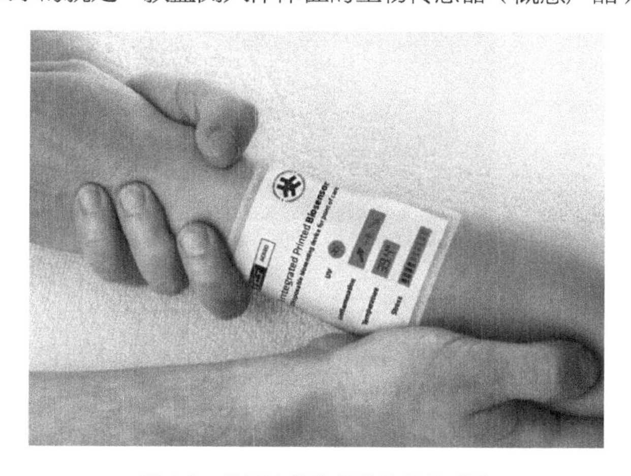

图 4-2　监测人体体征的生物传感器

（2）光敏传感器，是利用光敏元件将光信号转换为电信号的传感器，可以抽象理解为模拟人的视觉能力，是人工智能产品的“眼睛”。目前光敏传感器被广泛应用于民用和商用领域，例如摄像头里的图像传感 CCD、CMOS、人体感应灯、人体感应开关、光控玩具、光控开关、手机屏幕亮度调节等，都是光敏传感器的应用实例。如图 4-3 所示是手机亮度自动调节的应用场景。

（3）声音传感器。这种传感器的作用相当于一个话筒。它用来接收声波，显示声音的振动图像。可以抽象理解为模拟人的听觉能力，是人工智能产品的“耳朵”。该传感器内置一个对声音敏感的电容式驻极体话筒，声波使话筒内的驻极体薄膜产生振动，导致电容电量的变化，而产生与之对应变化的微小电压。这一电压随后被转化成

0 ~ 5V 的电压，经过 A/D 转换被数据采集器接受，并传送给计算机。声音传感器被广泛应用于军事，例如通过对敌人狙击火力进行定位和分类，并提供狙击火力的方位角、仰角、射程、口径和误差距离。通过这样的预判帮助提供有针对性的战术布置方案。在民用领域，常见的走廊声控灯就用到了最简单的声音传感器。如图 4-4 所示是一个最简单的声音传感器模块。

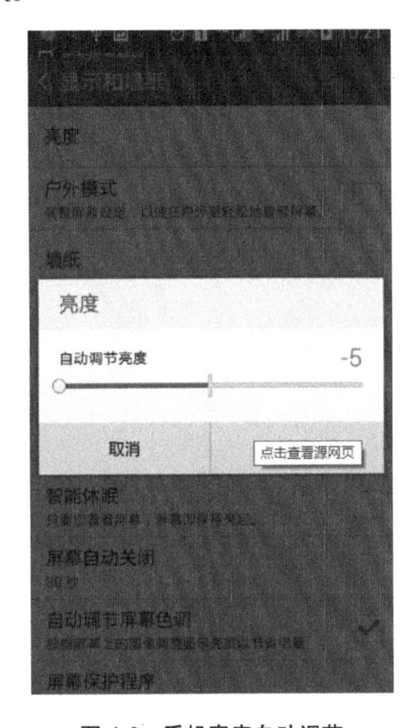

图 4-3　手机亮度自动调节

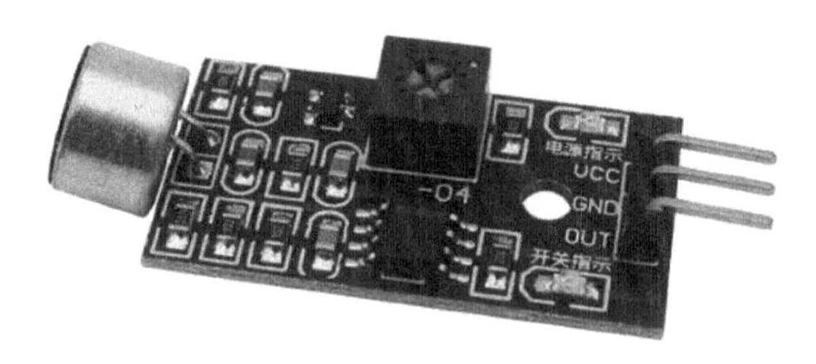

图 4-4　声音传感器

（4）化学传感器。是对各种化学物质敏感并将其浓度转换为电信号的传感器，可以抽象理解为模拟人的嗅觉能力，是人工智能产品的“鼻子”。化学传感器的概念比较宽泛，具体可以分为气体传感器（常见的 9 种气体传感器如图 4-5 所示）、湿度传感器、离子传感器等。目前化学传感器被广泛应用于大气污染监测、矿产资源的探测、气象观测、工业自动化、农业生鲜保存等领域与场景中。

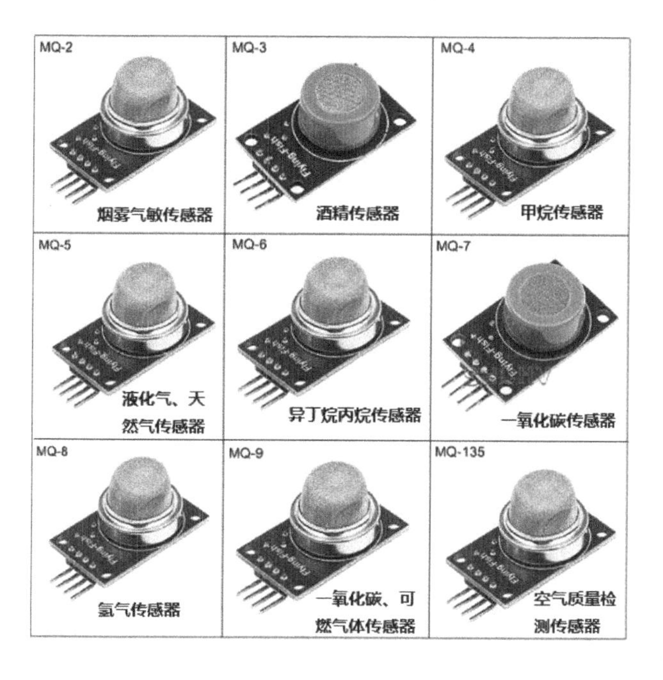

图 4-5　常见的 9 种气体传感器

目前传感器主要被应用于四类人工智能产品，分别是：可穿戴应用、高级辅助驾驶系统（Advanced Driver Assistance Systems，ADAS）、健康监测、工业控制。作为人工智能产品经理，应该了解传感器的最佳实践和工程应用情况，并掌握技术发展趋势的预判能力。例如在无人驾驶汽车上可供选择的传感器至少有激光、毫米波、超声波、红外线等，产品经理需要了解每种传感器的造价，以及每种环境下的精度和稳定性。例如当前阶段，安置在车顶用于扫描环境的是多线激光雷达，安装在车子前方和后方用于探测远方障碍物的主要是单线激光雷达、毫米波雷达等。表 4-1 中展示了无人驾驶的传感器在各种环境中的表现能力。本质上，无论是哪种传感器，技术的发展趋势都展现出了同样的规律，即多功能化、智能化、网络化、微型化、集成化。

表 4-1　无人驾驶的传感器在各种环境中的表现能力

汽车传感器比较强	超声波 Ultrasonic	摄像头 Vision	红外线 Infrared	激光 Laser	毫米波 Microwave
远距离探测能力	弱	强	一般	强	强
夜间工作能力	强	弱	强	强	强
全天候工作能力	弱	弱	弱	弱	强
受气候影响	小	大	大	大	小
烟雾环境工作能力	一般	弱	弱	弱	强
雨雪环境工作能力	强	一般	弱	一般	强
温度稳定度	弱	强	一般	强	强
车速测量能力	一般	弱	一般	弱	强

4.2.2　芯片

随着深度学习在各种领域和场景（如图像识别、语音识别、搜索/推荐引擎等）中的应用价值得到了广泛的认可，其过程中关键的两个环节训练（Training）和推断（Inference）由于需要强大的计算能力作为前提，故从某种意义上来说芯片已经成为人工智能领域建立竞争壁垒的关键武器。

人工智能芯片按照不同用途可以被分为三个主要类型：模型训练、云端推断和设备端推断，如图 4-6 所示。

三种主要人工智能芯片类型

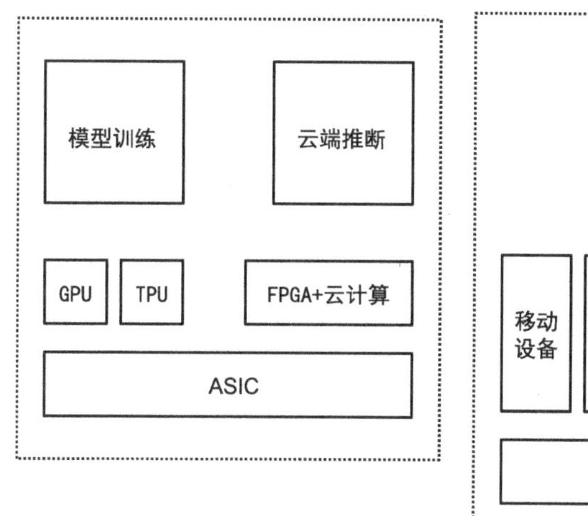

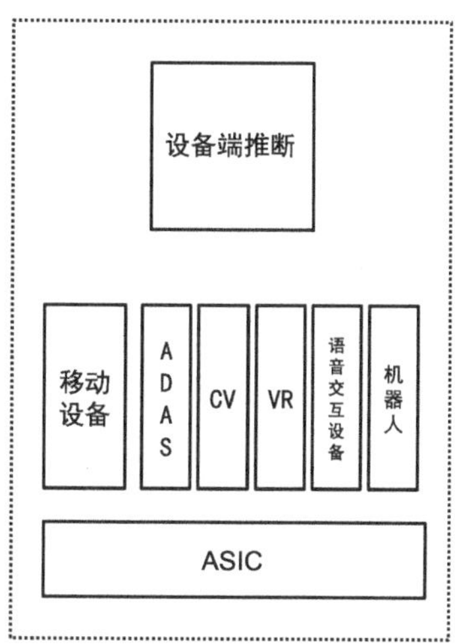

图 4-6　人工智能芯片的分类

第一个类型是用在模型训练的芯片。训练过程由于要处理海量训练数据和复杂的深度神经网络，因此需要 GPU 来提高深度模型的训练效率。与 CPU 相比，GPU 具备强大的并行计算能力与浮点计算能力，而且可以提供更快的处理速度、更少的服务器投入和更低的功耗，当然 GPU 并不是训练环节的唯一解决方案，例如谷歌研发生产的 TPU 也能提供训练环节的深度网络加速能力。这个领域的芯片技术当前也是日新月异，产品经理应对市场的变化保持敏感并选取性价比最高的方案。

第二种类型是用作云端推断（Inference on Cloud）的芯片，目前主流人工智能应用需要通过云端提供服务，将采集到的数据传输送到云端服务器，用服务器的 CPU、GPU、TPU 去处理推断任务，然后再将数据返回终端，即将推断环节放在云端而非终端设备上。

第三种是为各种终端设备（嵌入式设备）包括智能手机、智能安防摄像头、机器人、自动驾驶、VR 等设备提供设备端推断（Inference on Device）的芯片。由于设备端的运行环境是变化的，这就导致网络通讯带来的延迟响应会影响云端推断的推断速度，甚至在某些没有网络信号的环境中，云端推断无法执行，这就导致人工智能产品根本无法运行。尤其是那些需要快速进行推断、决策并执行输出的机器人产品，需要在和用户的交互过程中进行快速响应并满足用户需求。为了解决这类问题，设备端（终端）芯片成为解决问题的重要手段。但是设备端芯片目前由于性能普遍较差，因此主要被用来进行一些相对简单的、对实时性要求很高的推断。另外，算法模型升级和运维成本较高也是设备端芯片的缺点，而云端推断通常可以根据需求配置足够强大的硬件资源，适合运行一些复杂的、允许有一定延时的算法模型。因此，考虑到整体解决方案的投入产出比，二者并没有好坏之分。

人工智能芯片按照定制化程度，又被分为通用型芯片、半定制化芯片（FPGA 芯片）、全定制化芯片（ASIC 芯片）三种。

（1）CPU、GPU、TPU 等模块阵列相对统一且可以处理几乎所有类型任务的芯片被称为通用型芯片，通用型芯片不仅造价相对较贵，而且由于并不是为某种场景定制开发的，因此运算效率相对较低。

（2）FPGA（Field Programmable Gate Array，可编程门阵列）芯片是一种集成大量基本门电路及存储元件的芯片，可通过输入 FPGA 配置文件来定义这些门电路及存储元件间的连线，从而实现特定的功能。FPGA 芯片在生产出来后仍然可以进行自由升级和修改，就如一块可重复刷写的白板一样，特别适合芯片制造商作为快速投放市场试错的原型版本，当原型不适合市场需求时，迅速进行修改迭代。FPGA 芯片本质上是用硬件实现软件算法的，因此在实现复杂算法方面对企业有一定的技术门槛要求。在支持各种深度学习的计算任务时，对于大量的矩阵运算，GPU 优于 FPGA 芯片，但是当处理小计算量、大批次的计算时，FPGA 芯片性能优于 GPU，另外 FPGA 芯片有低延迟的特点，非常适合在推断环节支撑海量的用户实时计算并发请求。

（3）ASIC（Application Specific Integrated Circuits，应用专用集成电路）是一种为专门目的而设计的集成电路，通常是在特定用户要求下或为了配合某种电子系统的要求，而被设计和制造出的。相比于 FPGA，ASIC 的缺点是试错成本较高，即一旦定版、开模后就不能再变，再加上芯片设计周期较长，因此投资风险较大。但采用这种方案的好处也很多，例如可以将算法模型烧到芯片里，运算效率将会非常高，而且一旦量产，单个芯片的造价会变得极低。由于芯片面积较小，因此功耗极低。一种策略性的做法是，先将芯片原型以 FPGA 形式做出来，在市场中进行充分的测试和调整，然后再进行 ASIC 生产。

4.2.3 基础平台

1. 大数据技术

大数据是人工智能的前提，模型的训练离不开大量的数据。从传感器和各种数据采集渠道中获取的大量数据需要被合理地存放到数据库中，为人工智能模型训练提供“养料”。在整个数据的存放、传输、计算的过程中，存储资源、网络资源以及计算资源作为基础平台的重要组成部分，成了挖掘数据中价值的重要保证。同时，人工智能技术也促进了大数据技术的快速发展，数据存储、数据处理、数据分析这三种大数据技术的重点领域，实际上都被人工智能技术的快速发展不断牵引和驱动着，如图 4-7 所示。

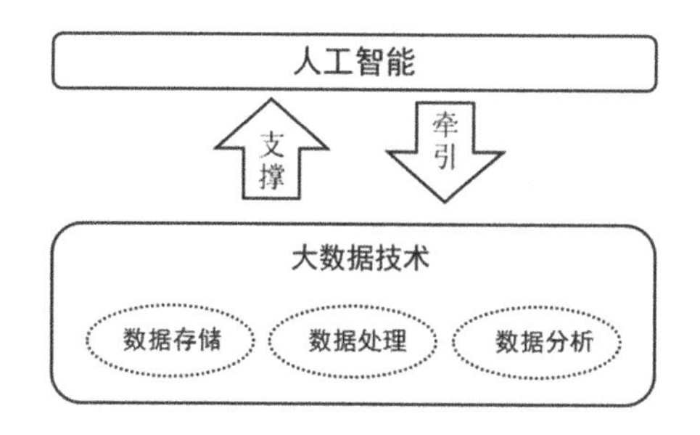

图 4-7　人工智能和大数据技术的关系

大数据技术的主要目标只有一个，就是从海量数据中挖掘价值。互联网、移动互联网技术、物联网技术为我们创造了大量的数据，而实际上这些数据中的绝大多数并没有发挥出任何价值。在过去，产品经理设计产品的逻辑是花大量的时间和资源来寻找确定的因果关系，再从固定的因果关系出发去设计产品，解决用户需求。这样的思维模式下显然无须利用所有数据进行分析，因为没有任何人知道两个完全不相干的数据之间的联系，也就不会将它们放到一起去分析。

人工智能带来了一种完全不同的产品设计逻辑：通过“数据驱动”的思维指导产品设计，即让机器从大量的数据中进行学习，然后将学习和训练好的模型直接用于产品。例如广告推荐引擎不是由任何确定的规则决定的，而是依靠海量数据的学习和训练，挖掘相关性，并最终应用于用户交互流程中的结果。因此人工智能需要大数据技术作为基础，进行海量数据的运算。

大数据爆炸性的增长驱动人类去建立各种看似不相干的数据之间的关联需求，人类渴望从海量的数据中创造意义、找到关联关系从而服务于人类。与传统的算法相比，机器学习（包含深度学习）完全利用输入的数据进行自学习，构建相应的复杂模型。这一算法特点决定了需要有一项技术可以实现对不同类型的海量数据进行存储、处理，而这恰好是大数据技术与人工智能的交叉点。

2. 云计算技术

一个完整的人工智能工程在数据的存储、网路（传输）、计算方面，对想在这个领域创立或发展的公司提出了极高的要求。例如构建一个最基本的机器学习通用平台对于任何公司来说都绝非易事。而云计算技术成为无数企业实现部署和使用人工智能技术或产品的最经济的方式。

根据美国国家标准与技术研究院（NIST）的定义，“云计算是一种按使用量付费的模式，这种模式提供可用的、便捷的、按需的网络访问，进入可配置的计算资源共享池（资源包括网络、服务器、存储、应用软件、服务），这些资源能够被快速提供，只需投入很少的管理工作，或与服务供应商进行很少的交互”。人工智能可以利用云计算技术实现基础资源层的弹性伸缩并以很低的价格供用户使用。例如深度学习需要大量的数据集训练一个复杂的神经网络结构，这个过程依赖于大量的计算资源，如果每个企业都需要自己购买硬件服务器作为计算资源，那么不仅对于企业来说风险很高，对于整个社会来说也将产生大量的资源浪费。

因此云计算为人工智能提供了快速推广应用的技术支撑，降低了企业研发人工智能产品和功能的门槛。

4.3 数据采集

数据采集（Data Acquisition）过程类似于人用耳朵听、用眼睛看、用鼻子闻等各种感受外界的行为，接收外部信息是人制定决策、采取行动、摆明态度之前的重要一步，人工智能产品同样需要这样的过程。没有数据的采集，机器不会凭空学习，而学习的内容决定了机器可以实现智能化、类人化的上限。不同人工智能产品的数据采集过程完全不同，由于数据类型多、数据量大，需要采用各种工具和技术辅助才能实现采集过程。

4.3.1 数据来源

随着计算资源、开放训练平台的使用门槛越来越低，依靠计算能力在人工智能领域中建立门槛，已经越来越难。谷歌的 Cloud TPU（Cloud Tensor Processing Unit）已经实现只需要数百美元的代价就可以在 24 小时内将 ImageNet（计算机视觉系统识别项目名称，是目前世界上图像识别最大的数据库）中的 ResNet-50 模型训练到 75%的精度。因此，数据就自然成为人工智能领域中毋庸置疑的竞争“壁垒”。

数据采集阶段首先考虑的重点是“数据从哪来”，互联网行业的数据由于原本就存放在各种类型的数据库里，具备天然的优势，因此互联网巨头掌握着垄断性的行业数据量。谷歌搜索广告业务带来了海量的用户搜索和历史浏览的记录数据。Meta（即原来的 Facebook）上用户平均每天分享 25 亿个内容条目，包括状态更新、墙上的帖子、图片、评论和视频，上传约 3 亿张图片。这些数据可以让广告主将用户的社交图谱与其他数据结合起来，通过分析用户去过的地方和购买行为构建更丰富的用户画像，以便于精准营销。

除了社交网络、搜索引擎这些互联网数据采集渠道，万物互联时代，对线下场景数据的采集随着各类传感器技术的发展也成为兵家必争之地。例如，Amazon 通过收购线下超市 Whole Foods、创建无人便利店 Amazon Go，以及推出智能语音控制音响 Echo 等手段采集用户的偏好和消费行为的数据。

尽管如此，并不意味着创业公司在数据方面毫无优势可言，人工智能的模型训练过程对行业数据的纵深度要求极高，例如在精准医疗领域，即使都是患者的眼部影像数据，训练对糖网进行预测的模型和对白内障进行预测的模型所需要的数据可能完全不同。因此，即便是互联网巨头也无法垄断各细分行业的数据，这也给做垂直细分领域的公司打了一针“强心剂”。

常见的数据获取方式有以下三种。

（1）直接购买行业数据（有些可以免费获得）：从开放数据集网站（包括科研、算法竞赛、政府开发数据、个人组织公开数据等）、运营商、行业数据分析公司直接购买数据。

例如：ICPSR，提供全球领先的社会和行为学研究数据，如图 4-8 所示。

图 4-8　ICPSR 提供全球领先的社会和行为学研究数据

美国政府开放数据，如图 4-9 所示。

图 4-9　美国政府开放数据

加州大学欧文分校（University of California, Irvine，简称 UCI）创立的机器学习社区，涵盖六大领域的不同数据格式和类型的数据集，如图 4-10 所示。

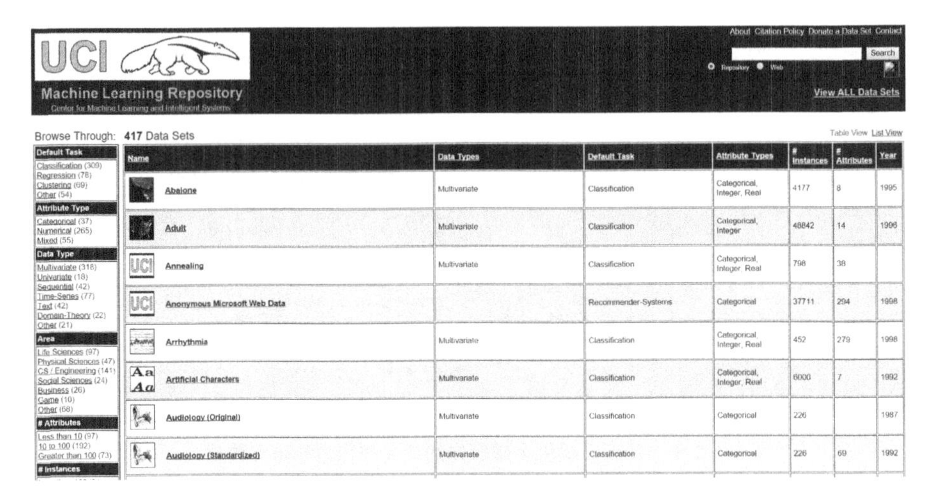

图 4-10　加州大学欧文分校的机器学习社区

数据堂，提供包括语音识别/语料库、图像识别/视频处理、生活服务/天气、社交网络/电子商务以及金融征信等数十种数据类型，如图 4-11 所示。

图 4-11　数据堂

（2）自行采集，通过自身行业积累直接获取用户数据，也可以通过爬虫技术采集合法的互联网数据。自行采集数据的好处是按需定制，可以自定义采集的指标、字段、频率等。

网络爬虫（Web Crawler）：爬虫本质上是一种自动获取网页内容并可以按照指定规则提取相应内容的程序，同时也是搜索引擎的重要组成部分，为搜索引擎系统提供数据来源，如图 4-12 所示。爬虫可以将结构化、非结构化数据从网页中抽取出来，将其存储为统一的本地数据文件，并以结构化的方式存储。同时也支持图片、音频、视频等文件的采集以及有针对性的数据或文件的爬取，尤其对需要从指定的网站中获取数据、作为训练集来训练的模型非常有帮助。

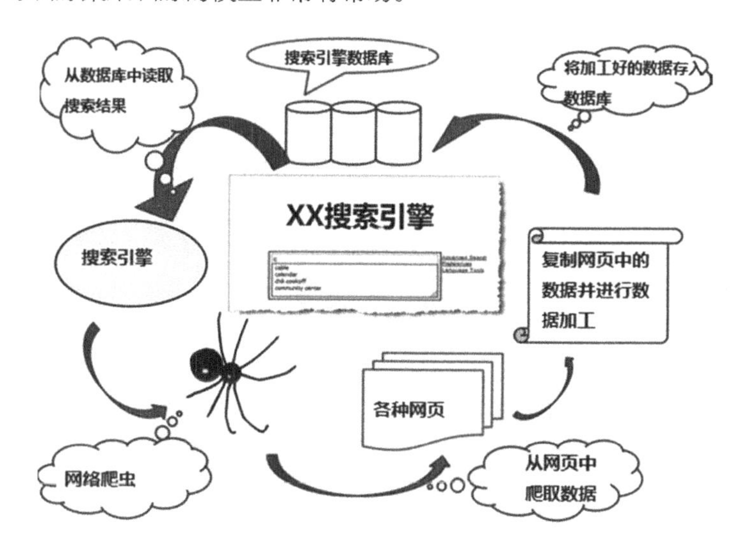

图 4-12　搜索引擎中使用的爬虫技术

爬虫技术由于具备很强的时效性特征，也被普遍应用在网络舆情监测、客户购买倾向、市场趋势、竞争对手分析、行业垂直搜索等领域中。例如客户全景画像利用网络爬虫系统对客户相关信息进行实时采集、监测、更新，不仅可以更全面地了解客户实时情况，而且通过采集到的数据可以用来训练金融风控模型，对潜在的客户营销商机和信用风险进行预判，有效提升客户营销和贷后风险管理效率，提升商业银行综合效益。

（3）第三方合作，整合行业资源，与友商或上下游的合作伙伴交换或购买数据。例如做精准医疗的人工智能公司可以从医院获得不包含患者姓名、手机号等敏感信息的医学影像数据。还有常见的电商公司与新闻聚合应用之间经常有数据合作关系，它们会交换用户的 IMEI（国际移动设备识别码，International Mobile Equipment Identity），和 IDFA（广告标识符，Identifier for Advertising）数据，这也就是为什么用户刚从电商网站上逛了一会儿运动鞋的店铺，打开新闻客户端就会看到有关运动鞋的广告，这些其实都是数据交换的结果。

4.3.2 数据质量

人工智能对数据除“量”的要求以外，还有“质”的要求。获取数据是第一步，但是如果数据的“干净”程度不够，人工智能仍然没法从数据中获取价值。数据是否“干净”可以按照“四个 R”标准来衡量，如图 4-13 所示。

图 4-13 衡量数据质量的“四个 R”原则

（1）关联度（Relevancy）：人工智能产品中的算法模型在训练过程中，对领域数据的关联度要求极高。关联度是评价数据的首要标准，因为如果关联度不够高，其他所有指标都毫无意义。例如在自然语言处理（Natural Language Processing，NLP）领域中，想让机器学会如何与人交流需要大量的强关联数据，尽管我们可以轻易地从各种网络资源中获取文本数据集，但绝大多数这样的数据并不够“自然语言”，也就是说它们并不能代表一个普通人在正常的交流中的谈话。在实际案例中，为了提高数据的关联度，谷歌采集了 65000 个来自几千个人的一秒长的语音，而且这些语音的内容只在 30 个英文单词中选取，通过这种方法，最终获得了真实的自然语言数据集。图 4-14 是谷歌专门用来采集语音数据所用的软件界面。

图 4-14　Google 采集语音数据所使用的软件

（2）时效性（Recency）：数据应具有比较强的时效性，例如资讯类产品中的推荐引擎，由于绝大多数用户只对当天发生的内容感兴趣，因此对于数据的时效性要求更高。

（3）范围（Range）：数据范围也代表了数据的完整度。互联网公司数据的完整度通常较好，工业制造业领域就完全是另外一幅景象。同样的机器学习平台，在互联网公司运行分类、推荐、回归、聚类算法的效率都非常高，而在制造业的场景中，由于数据的完整度受信息化程度的限制，无法获取完整的生产过程数据，而过程中如果有中间任何一段的数据无法采集，都会导致最终的模型效果很差。

（4）可信性（Reliability）：对于很多类型的人工智能产品来说，数据的可信性是获取用户信任的关键因素。例如，做一款可以预测心脏病发病率的产品，因为有效数据的获取周期长，所以对于有限的数据，需要更加准确的标注才能训练出好的模型。对于用户而言，还是更愿意相信来自于经验丰富的专家或教授级别的医生所给出的专家数据。

大量的证据表明，人工智能工程化实践过程中采集、转移、确认和组织数据的时间占据整个工程时长的 70%~80%。模型选取、训练的时长反而只占到了相对较小的一部分。Kaggle 公司的创始人安东尼·高德布卢姆曾这样描述："流传着这样一个笑话，80%的数据科学家的时间都花在获取干净的数据上，剩下 20%都花在抱怨数据不够干净上了。"

数据质量，对于任何一个有志成为数据驱动型的公司都非常重要。企业需要将数据治理作为常态，变成公司文化的一部分，仅依靠 IT 部门进行常规的数据治理是远远不够的，要依靠公司全体成员来维护数据的质量，保证实现"四个 R"。实际上某些企业不仅内部对数据治理采取了动作，而且让自己的用户也参与到这样的工作过程中来了。例如谷歌地图就采取各种方式鼓励用户提供最新的、最真实的路况校验结果，通过这样的持续性的反馈，反过来给用户提供了更好的产品体验。

4.4 数据处理

数据处理是人工智能体系中通过对原材料（例如图像、文字、神经元信号等）进行加工，并赋予机器类似于人的技能的关键过程。20 世纪 60 年代诞生的专家系统起初是应用大量的专家知识和推理方法求解复杂问题，专家系统从人类专家那里获取领域知识和经验，并将其进行形式化编码，使计算机可以应用这些知识来求解类似的问题。典型的基于规则的专家系统架构如图 4-15 所示。尽管专家知识融合了对问题的理论理解、大量被经验所证实的启发式问题求解规则（在某种意义上均可以被各种公式表达），但实现的逻辑仍然是先求得因果关系再进行推理，即利用“如果—就”（If —Then）规则定义的，是一种自上而下的思路。

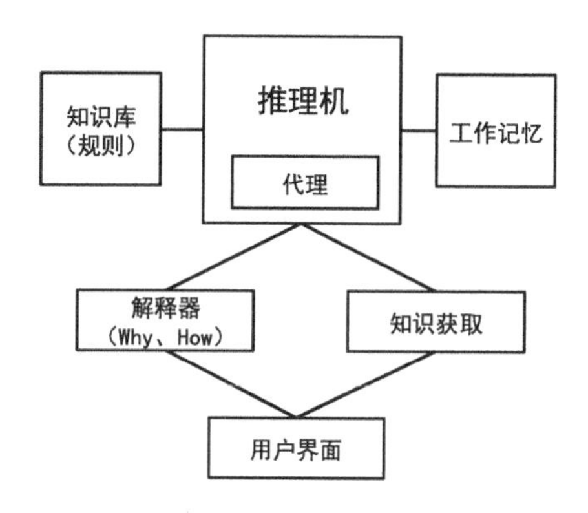

图 4-15　基于规则的专家系统架构

随着人工智能领域技术的发展，传统的专家系统已经无法满足人类对实时智能推理以及大数据处理的需求。另外，由于数据挖掘、数据预处理、特征工程、各种机器学习框架等领域的快速发展，人类发现，可以通过一种从数据反推规则的方法进行建模，这种解决问题的思路正好与专家系统相反，即自下而上的思路。逻辑可以被抽象为：我们现在有数据，但是没有方程式和确定的计算规则，机器要通过数据（训练数据）来给出规则（尽管在很多时候这种规则可解释性很差，而且难以做到可视化），当新的数据输入后，模型会预测对应的结果。伴随着越来越多输入/输出的过程，模型会从中自我学习优化。这个过程实际上就是人工智能数据处理的一种典型逻辑过程，也成了人工智能通过“自学习”实现快速演化的根本原因。

有关数据处理（机器学习）的流程和关键技术在本书第 5 章中有详细介绍。

4.5 机器“大脑”处理过程：理解、推理和决策

理解、推理和决策是人脑的日常工作，理解人工智能在这些方面的实现逻辑和能力范围，不仅有助于产品经理在产品设计工作中把握需求边界，而且当掌握了这些基本原理后，产品经理会对人工智能产品的本质有更深刻的理解。展开描述之前，我们首先列举一下人脑和计算机的区别和联系，如表 4-2 所示。

表 4-2　人脑与计算机的比较（Rao& Fairhall, 2015）

	人脑	计算机
系统架构	10^{11}个神经元，10^{15}个突触，稠密连接	10^{10} 晶体管，稀疏连接
处理速度	100μs	100ps（10GHz）
计算模式	并行计算	顺序计算
能力	可处理数学上无法严格定义的问题	处理数学上严格定义的问题

单从统计数据上比较，目前计算机和人脑在某些运算单元的量级上已经非常接近，人脑大概有接近 1000 万亿个神经元（构成神经系统结构和功能的基本单位）和 1000 亿个突触（两个神经元之间或神经元与效应器细胞之间相互接触，并借以传递信息的部位），而一个典型的计算机大概有 100 亿个晶体管。两者的架构却截然不同，人脑的架构是紧密连接型，计算机的却是稀疏连接型。单个计算单元的处理速度上，计算机是人脑处理速度的 100 万倍，但是人脑进行的是并行处理，计算机进行的是顺序处理，所以在处理某些问题上人脑的效率更高。

尽管 GPU 的问世帮助计算机实现了强大的并行计算能力与浮点计算能力，但当转化为处理实际问题时，计算机往往只能在某一个很狭窄、局限的特定领域超越人类，

我们称之为专用人工智能，离通用人工智能还有一段距离。

目前对于世界上绝大部分的事件处理，人脑和计算机在能力上有很大差别。一般来说计算机的处理都是基于数学模型的（理性的），而人脑做出的理解、推理和决策在绝大多数情况下不仅是依靠理性推理，还依靠感性和理性的共同作用。因此，尽管今天我们的人工智能技术发展飞快，甚至已经实现了在某些细分领域超越人的能力，但仍然与人脑差距很大，而且人类对于自身的大脑潜力还没挖掘完，恐怕人工智能在理解、推理和决策方面想超越人类还有很远的距离。

接下来，我们从识别、理解和推理、决策这三个不同的“智能”层次具体讨论一下当前人工智能可以实现的程度及背后的逻辑。

（1）识别（Recognition）。识别本质上属于感知范畴，人和机器一样，都需要从对环境及客体的识别开始，进而对识别到的东西做出判断，即上升到认知范畴。只不过，人类是通过视觉器官和听觉器官来分别对光学信息和声学信息进行识别的，而计算机则是通过各种复杂的算法实现这个过程的。

在计算机科学领域，模式识别（Pattern Recognition）是机器学习的一个分支，它侧重于识别数据中的模式和规律，在某些情况下它被认为与机器学习几乎是同义词。以图像识别的过程为例，一般是先将大量的图像进行处理，抽取主要表达特征并将特征与图像的代码存在计算机中，这一过程叫作“训练”。接下来的识别过程是对输入的新图像经处理后，与计算机中的所有图像进行比较，找出最相近的（分类或回归）作为识别结果，这一过程叫作“匹配”。由于神经网络和深度学习算法的快速发展，目前模式识别在计算机视觉（例如医学图像分析、文字识别）、自然语言处理（语音识别、手写识别）、生物特征识别（人脸、指纹、虹膜识别）等领域已经展现出超越人类的表现。

（2）理解和推理（Understanding and Reasoning）。识别更强调人对于环境感知的分类、打标签、召回数据的能力。而理解和推理更强调明确地区分、深层次地解释和归纳总结数据的能力。对于人类来说理解一件事要远比识别一件事更复杂——对信息的处理周期和逻辑更复杂。例如，当你看到外面下雨时就知道天气不好，这很容易做出识别，但你可能并不理解是什么原因导致的天气不好，你需要学习雨是怎么形成的，以及它是如何影响天气的，最终才能推理出为什么天气不好，更进一步，你还会通过学习一些心理学以及生理知识，来推理出为什么糟糕的天气会影响心情，整个过程如图 4-16 所示。因此理解又被称作“思维”“意念”，是一种对人、客体、环境和信息进行处理的心理过程。它从本质上决定了我们如何看待和处理我们周围的人和环境的关系。人工智能目前在这个环节还不能独立运行，仍然需要通过和人类指导相结合的方式才能实现。

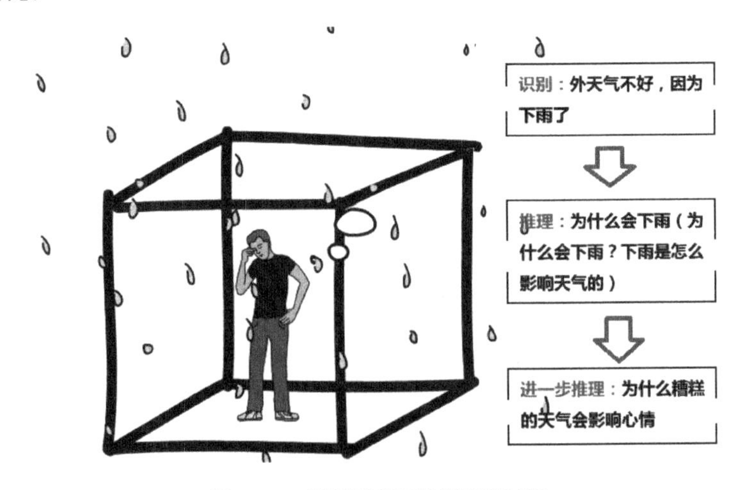

图 4-16　从识别到理解的演进过程

（3）做决策（Decision Making）。无论对于人类还是人工智能来说，做决策都是基于对外界客体、事物、环境的理解和判断来决定采取什么样的行动。其本质上是一个认知过程，但是侧重点在于寻找那些可供选择的方案，以及应采取什么样的行动。做决策最终都会展现为对待某件事采取某种行为或意见，只不过人类在做决策的过程中，会受到人本身的需求和价值观的影响，而机器往往并不具备这样复杂的决策依据。

因此，在当前阶段，人工智能大多数以弱人工智能辅助人类做决定，而不是以替代人类独立做决策的形式被应用到各种场景中。例如，在目前的绝大多数客服系统中，还是以机器辅助人类的方式运行着。一个典型的人工智能辅助客服流程如图 4-17 所示。

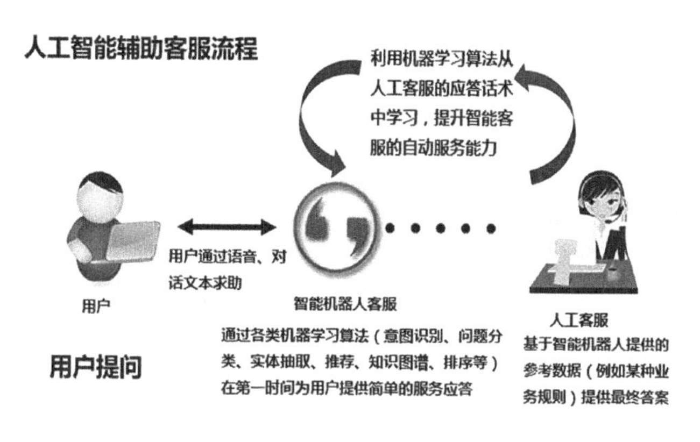

图 4-17　人工智能辅助客服流程

4.6　资源配置统筹的关键环节：系统协调

构建一个完整的人工智能产品体系通常需要多方协作，包括基础设施提供者（包括芯片和平台的软/硬件厂商）、信息提供者、信息处理者等在内的各种公司或公司内部的各种业务部门，这种复杂的协同工作，通常需要公司内部组成一个整体协调小组（至少包括产品经理和系统架构师在内），一起承担系统的协调工作。

系统协调者需要在人工智能的不同阶段：需求定义、设计开发、系统优化、运行保障、售后支持、监控和审计发挥资源协调和统筹作用。由于人工智能是多学科交叉领域，一方面需要系统协调者具备多学科的知识背景，有助于统筹分工；另外一方面，各领域的政策、法规不完全相同，需要系统协调者提供明确的边界要求，以保证产品严格按照合理、合法的方式正常运行。

除内外协调以外，对于系统协调者来说最重要的职责之一，是制定人工智能产品体系的发展规划。一个典型的人工智能产品体系发展路线图如图 4-18 所示。

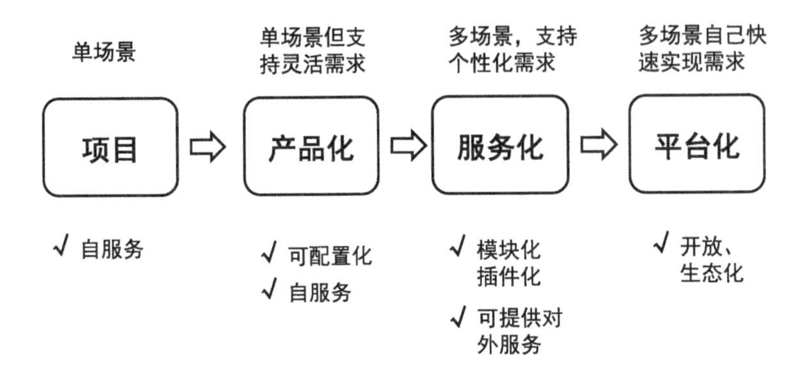

图 4-18　人工智能产品体系发展路线图

人工智能产品体系最常见的发展规律是：一开始以项目交付解决单个场景的具体需求为主，这个阶段更看重需求个性化；当项目的技术和产品需求基本验证完毕后，通过提供标准的、通用的、可配置的功能使产品逐渐走向千人一面，即项目产品化；接下来的阶段是服务化，即通过对外开放和输出各种服务能力（侧重于软件接口层面），逐渐与终端用户具体的业务解耦，统一数据中心和算法平台，并对外提供各种基础调用功能；最终实现平台化，人工智能产品平台化的发展目标，是帮助用户实现根据自身需求完成各种功能模块的在线快速封装、灵活配置，并在节约成本、支持快速迭代的同时，为企业探索更多商业模式的可能性。

在产品体系发展的不同阶段中，人工智能产品经理把控着从项目到产品化、服务化，最终实现平台化的整个规划和工程落地的节奏。在整个过程中需要考虑企业发展速度、市场规模、技术实现瓶颈及业务本身的业务特殊性等多方面因素，这就需要人工智能产品经理具备成本意识、市场敏锐度、前瞻性和大局观等综合素质。

4.7 不可逾越的红线：安全、隐私、伦理和道德

美国的生命未来研究所（Future of Life Institute, FLI）在 2017 年召集了 100 多位来自经济、法律、伦理学、哲学领域的人工智能研究者共同制定了《阿西洛马人工智能原则》（Asilomar AI Principles）。该原则一方面给出了一系列有关如何确保人工智能的研发和发展对人类有益的框架性建议，另外一方面，制定了未来人工智能学术和科研方面的重要研究方向。

随着全球有关人工智能建设管理标准的陆续出台，产品经理应持续关注国际权威组织发布的各种有关安全、隐私、伦理道德方面的人工智能建设和管理标准。例如 IEEE 标准协会（IEEE Standard Association）陆续发布了几个版本的人工智能建设标准《Ethically Aligned Design》，而且广泛征集公众意见，将于 2019 年完成该标准的最终稿。

4.7.1 安全

人工智能的快速发展，引发了公众对于其可能带来安全隐患的担忧，包括斯蒂芬·霍金、埃隆·马斯克、比尔·盖茨在内的很多科学和科技领域的知名人物，都不止一次地表达了对人工智能可能带来的安全风险的担忧。人工智能具有超越人的智力的潜力，因此我们不能以过去的技术发展的经验对待人工智能。人类在地球上并不是最快的、最大的、最强壮的物种，但人类是最聪明的物种。按照人类征服地球的逻辑，假设有一天人工智能比我们还聪明，那么我们是否还有把握保证人类的主导地位？

尽管当前人工智能不具备爱或恨的情感，也无法自发地表现出仁慈或恶意，但仍有两种最可能导致人工智能安全隐患的情况。

第一种，被人为地设定或创造成为危害安全的产品。例如，自主武器（Autonomous Weapons）被形容为继枪炮、核武器发明之后，战争形态的第三大变革，如图 4-19 所示。在 2015 年的国际人工智能联合会议中，超过一千名机器人领域的研究者以及一些科技界知名人士，共同签署了一份公开信，警告人工智能军备竞赛将为人类带来严重的后果，也呼吁联合国应通过禁令，禁止开发与使用自主武器。

随着人工智能的智力水平和自主性的提升，当人工智能可以完全控制自动驾驶汽车、无人飞机、心脏起搏器、自动交易系统或电网时，我们必须保证该系统完全遵照我们的指令，否则后果将不堪设想。这也是为什么人工智能时代对产品经理的道德提出了更高的要求。

图 4-19　自主武器

第二种，尽管一开始被设定或创造为有益于社会的产品，但为了实现目标，人工智能在有些时候会不择手段，带来灾难性的效果。仅设定正确的目标对于人工智能产品经理来说是远远不够的，忽视设定过程中各种安全边界和要求会带来各种安全隐患，因此产品经理还需要考虑到实现目标的手段（往往需要过程透明化）。例如无人驾驶汽车领域，如果设计之初只考虑到以最快的速度实现从 A 到 B，那么当你要求汽车以最快的速度从家到机场时，可能会导致出现一个无人驾驶的马路杀手。

对于人工智能产品的设计，应在设计之初就考虑人工智能的安全问题。尽管当前的弱人工智能在综合能力方面还不如一个人类的孩子，但并不意味着安全问题可以被我们忽略。当然，人工智能安全问题并不是产品经理一个人的责任，包括政府、产品用户在内，都应当在制定人工智能安全方案、规则方面贡献自己的力量。

4.7.2 隐私

人工智能，尤其是在机器学习领域里，本质上依赖于大量数据的采集。随着各种传感器技术的发展，数据采集过程变得越来越隐蔽和难以理解，因此在人工智能服务于人类的过程中，很容易触犯人们的隐私和数据保护的基本权利。各国政府在近些年纷纷出台了相关的法律法规来保护人民的权利。例如，欧盟议会在 2016 年 4 月 14 日通过了《通用数据保护条例》（General Data Protection Regulation, GDPR），条例不仅涉及欧盟内部数据流通的隐私保护机制，而且制定了将个人数据出口到欧盟国以外地区的保护条例。GDPR 的目的是保证欧盟国的所有公民和居住在欧盟国内的人，具有对个人数据的完全控制权。GDPR 有益于降低欧盟国企业中的行政管理负担并提供法律保障。从 2018 年 5 月起，数据保护机构无须欧盟国通过任何立法，就有权直接对触犯法律的公司进行惩罚。根据 GDPR 相关规定，数据保护机构当发现有公司忽略他们的法律义务并犯下重复的、严重侵权行为时，将处以最高达到该公司全球年营业额 4%的罚款。

对于人工智能产品经理来说，为了降低产品和公司的法律风险，应在产品设计之初就严格审视产品在数据保护方面的问题。GDPR 在第 35 条规定中就给企业明确的建议：如果企业认为产品在设计或运行的过程中有可能对自然人的权利和自由构成侵犯风险，那么企业有责任进行数据保护影响评估。评估内容应至少包括如下四项。

（1）评估所有产品流程中涉及用户权利（包括隐私权）的风险。

（2）评估产品在设计或运行过程的系统描述，包括产品设计或运行的目的以及它所维护的合理利益。

（3）基于产品设计或运行的目的，评估该过程是否是必要的。例如公司应评估采集的数据维度/数据量与产品给用户带来的价值两者间的比例，即追求最小化的用户隐私数据采集和最大化的产品价值。

（4）针对识别出的风险，给出有针对性的风险管理措施。

关于企业可以采取的数据隐私保护措施，可以从三个方面进行。尽管有些措施可能在当前技术上较难实现，但也可以作为企业未来研究的方向。

（1）减少对训练数据量的需求。尽管机器学习过程需要大量的训练数据，但是随着技术的发展，有些技术已经可以帮助实现这样的目标了。

① 生成对抗网络（Generative Adversarial Networks，GAN）可以通过一套独特的学习方法大幅减少训练深度学习算法所需的训练数据。GAN 通过轮流训练判别器（Discriminator）和生成器（Generator），令其相互对抗，从复杂概率分布中采样，例如生成图片、文字、语音等。如图 4-20 所示就是通过生成对抗网络生成的抽象艺术画。

② 谷歌开始尝试使用联邦学习（Federated Learning）的方法训练数据，该技术可以实现将部分训练过程放到用户的手机端，使用手机上的处理器进行数据训练，从而取代传统流程中需要将所有数据先上传到云端再进行训练的方式。谷歌已经在安卓端键盘应用 Gboard 上开始使用这种技术了，Gboard 通过学习用户的输入习惯在本地训练模型，并将模型传回服务器而不是将用户输入的敏感数据传回，这样就不会将用户的敏感数据上传到云端，Gboard 的交互界面如图 4-21 所示。

图 4-20　通过生成对抗网络技术生成的艺术画

图 4-21　Gboard 的交互界面

③ 迁移学习(Transfer Learning)。迁移学习是一种把从一个场景中学到的知识(模型) 举一反三迁移到类似的场景中的方法。迁移学习适合从小数据中学习知识，尤其是当没有足够的数据作为训练资源时，在之前训练好的模型基础上加上小数据并迁移到一个不同但类似的场景当中去。这种技术从某种意义上说缩短了同类场景的训练周

期，也降低了对训练数据量的要求。

（2）在不减少数据的基础上保护隐私。

① 差分隐私技术（Differential Privacy, DP）。当在数据库中检索某条信息时，在搜索结果中加入满足某种分布的“噪音”，使查询结果随机化。差分隐私是密码学中的一种隐私保护技术，使用差分隐私技术的数据集可以抵抗任何对隐私数据的分析。

② 同态加密技术（Homomorphic Encryption）。同态加密是一种加密形式，允许在密文上进行计算，生成加密结果，解密后的结果与对明文进行同样的运算得到的结果是一样的。同态加密的目的是允许对加密数据进行计算。换言之，这项技术令人们可以在加密的数据中进行诸如检索、比较等操作并得出正确的结果，而在整个处理过程中无须对数据进行解密。其意义在于，真正从根本上解决将数据及其操作权限委托给第三方时的数据隐私保护问题，这对于那些使用云计算作为产品基础架构的公司尤为重要。

③ 提高算法可解释性，避免黑盒子事件的发生。

很多有关人工智能侵犯隐私的事故，都是由于人工智能算法的可解释性差导致的，因此提升对于模型输出结果的可解释性，是一种有效地提升用户对于产品信任度的方法，当用户清楚地了解数据的来龙去脉以后，会减少对于个人隐私数据泄露的担忧。美国国防部下属行政机构国防部高级研究计划局（Defense Advanced Research Projects Agency, DARPA）已经开始投入资金研究如何能够提升人工智能的可解释性，这项研究的目标之一是通过提升可解释性提升人们使用人工智能产品的信心。

产品经理应从产品设计之初就关注产品可能带来的隐私侵犯问题，并利用以上提到的一些手段，在一定程度上降低用户数据隐私被侵犯的可能性。尤其当产品需要被推广到国外时，应关注当地对于数据隐私权、人权的规定和制度，严格参照这些规定和制度去进行产品设计。

4.7.3 伦理和道德

伦理，本质上是关于人性、人伦关系及结构等问题的基本原则的概括。伦理范畴侧重于反映人伦关系以及维持人伦关系所必须遵循的规则，道德范畴侧重于反映道德活动或道德活动主体自身行为的应当；伦理是客观法，是他律的，道德是主观法，是自律的。技术的快速发展已经让人工智能产品逐渐实现了自主学习能力、预测人类行为的能力。这些“超能力”一旦被一些负面的伦理和道德思想所左右，其产生的社会危害将是巨大的。在激烈的商业竞争中，企业很可能由于一味追求人工智能产品和服务的商业化，而忽视了伦理和道德风险。因此，对于产品经理来说，较高的精神境界和人文素养是创造一款伟大的人工智能产品的前提条件。

近些年在全球范围内涌现出越来越多的科技公司与政府合作的案例，这些案例中很重要的一部分是双方共同研发利用人工智能技术解决暴力极端主义、虚假新闻、儿童色情等社会问题的产品。尽管这些产品确实解决了社会问题，但是也伴随着产生了各种人工智能侵犯公民权利的事件。因此各国政府纷纷制定了各种公民权利保护政策，包括保证人工智能透明度的政策，公民权利侵犯事故问责规定等。

有关人工智能的道德问题随着近些年人工智能技术的普及越来越受到人们的重视，尤其是在一些严重依赖于社会认知的工作中，人工智能不仅是取代重复劳动力，还不可避免地继承了各种社会道德和伦理准则。例如，在 20 世纪 80 年代在伦敦圣乔治医学院就发生过筛选候选人的算法歧视女性和非洲人名字的事件。另外，近些年在人力资源候选人筛选、信用评级、银行业务等多个场景中都出现过人工智能触犯人类伦理道德底线的事件。

在以上提到的这些事件中，人类很难评判人工智能作为一台机器的道德是否高尚，评判是否公允。如果人工智能产品设计没有道德底线，那么在依赖人工智能做认知判断的场景下，万一出现类似于歧视、不尊重、偏见等这样的道德伦理问题时该怎么解释？又该由谁来承担相关责任？产品经理在设计人工智能产品的时候应重点关注以下三种人工智能的特殊性所带来的复杂伦理问题。

（1）人工智能产品算法的“可解释性差”“不透明性”，使得一旦出现伦理道德事故无法评判。例如，采用机器学习算法评估贷款人的申请材料，给出批准建议，是银行的一种常见的金融风控手段。在美国一起贷款驳回案件中，银行被告上了法庭，申请人是一名黑人，宣称银行的贷款评估算法严重歧视了黑人，有明显的种族歧视问题。但是银行辩解称这是不可能的，因为算法根本不知道候选人的种族。尽管如此，法官在近期所有银行的贷款审批案件中发现黑人的通过率持续下降，而且，在这些银行贷款申请案件中，各项资格（学历、收入以及各种社会背景）几乎相同的申请人中，算法对白人申请者的通过率明显要高于黑人申请者。想了解为什么会发生这样的事情，在当前阶段实际上是非常难的。首先，人工智能中的很多算法可解释性本身就很差，如果上面这个案例中的算法是基于复杂的深度学习模型，那就意味着没法通过拆解模型的方式，来推断出算法究竟为什么会根据候选人的种族给出不同的评估结果。

因此，人们越来越认识到一味地追求人工智能产品或技术的强大和可扩展性远远不够，还需要让人工智能变得透明化。尽管人们已经意识到应该增强人工智能的“透明度”，但很多情况下，尽管在系统开发人员的眼中人工智能系统已经足够透明，可对于系统审计人员、最终用户、消费者或监管机构而言，他们仍然很难理解、预测或解释复杂的人工智能系统的行为。恐怕要实现对大多数人的“透明性”，仍旧需要产品设计者、开发人员持续的努力。

（2）当人工智能产品的目标是替代人履行一定社会职能的时候，产品的“不可预见性”有可能会导致伦理道德争议。例如，现代判例法系国家法律制度的核心是遵循先例原则，法官通过对相同案件的相同判决而不断地发现和创立“先例”，先例的集合体被称为判例法。遵循先例原则实质上是一种对法律的确定性目标的追求，先例对法律具有确定性和“可预测性”，保证人们对法律保持稳定的信赖，提高法院的审判效率、维护法律的协调性和统一性。而对比人工智能的算法，在某种程度上它遵循的逻辑是可预见性的反面，即追求的恰好是从数据反向推导出规律，规律在一开始时是不可预见的。因此人工智能在某些情况下会引发社会问题，尤其是在法律领域。

（3）另外一个备受争议的人工智能伦理问题是关于人工智能的道德地位。当机器人具有感知能力、体验能力、“自我”意识以及对于“心智”的执行控制能力时，是否还应该被认为是纯粹的机器，是否已是具备道德地位的独立客体？如果按照我们目前普遍接受的道德地位评判原则，人工智能至少应和动物一样具备一定的道德地位。这也是一个在机器伦理研究领域始终争论不休的问题。如图 4-22 左侧所示是一款人形机器人。

图 4-22　人形机器人

在西方国家，个体非歧视原则是指如果两个客体具备相同的功能性和相同的意识经验，区别仅仅是它们形成独立个体的过程不同，那么它们具备一样的道德地位。这样的意识体系非常重要，它是人们建立法律（包括动物保护法）的依据、是组成人类道德准则的基础。

人类的孩子是由父母双方提供的遗传物质重组的成果。人类从婴儿到成熟，至少要花费 15～20 年的时间，而人工智能从无到有的过程绝大多数不需要这么久。而且，父母对于子女的影响非常有限，人类的孩子不会继承或复制来自父母的技能和知识，一个人的价值观、世界观、人生观需要通过情感适应、父母的养育和社会教育等一系列复杂的过程才能建立起来。而人工智能和人的形成过程不同，人工智能是由软件、硬件以及各种复杂的算法逻辑组成的客体，人类可以很轻松地对其进行复制、修改、删除。因此，当来到人工智能时代，人类恐怕需要重新思考如何构建伦理道德的基础，否则一旦人工智能技术发展过快，会引发大量的社会伦理道德争议。

我们已经进入了一个新纪元，判断一款产品的好坏除了从经济效益角度考虑，在人工智能时代还需要关注产品的伦理和道德。产品经理作为人工智能产品的顶层设计者，不仅需要在技术领域进行修炼，而且需要在道德层面强化对自身的要求，严格按照社会伦理能够接受的范围设计产品。人工智能产品是一个典型的“双刃剑”，产品经理们需要承担前所未有的社会责任。产品经理是否具备优秀的道德品质，并严格按照社会伦理规范设计产品是导致产品通向光明或黑暗的主要影响因素。

最后引用狄更斯《双城记》开篇的一句话：“那是最美好的时代，那是最糟糕的时代；那是一个智慧的年头，那是一个愚昧的年头；那是信仰的时期，那是怀疑的时期；那是光明的季节，那是黑暗的季节；那是希望的春天，那是失望的冬天；我们全都在直奔天堂，我们全都在直奔相反的方向。”没错，人工智能产品经理就站在这个分岔路口。

4.8 运维管理

人工智能运维与传统的 IT 运维，出发点是一致的，“运”就是要让业务处于稳定、高效的运行状态，而“维”就是运行过程当中一切和维护系统有关的工作，使业务保持继续运转的能力。人工智能的工程实践应在稳定的基础上，继续追求运维成本最低化和效率最高化。

评价人工智能产品的运维能力有如下评判标准（如图 4-23 所示）：系统能否在第一时间发现异常（即异常检测），当异常被发现后能否找出发生异常的原因，从原因是否能定位到具体的问题，这些具体的问题是否能够很快被修复或自动修复，未来再出现这样的问题之前是否可以提前预警。人工智能体系的运维能力和效果主要取决于体系化或平台化的程度是否够高。人工智能的平台化程度可以从如下几个方面进行衡量：模块化、插件化、配置可视化、系统化监控、自动化部署等。正所谓“磨刀不误砍柴工”，完善产品的体系化和平台化是提升运维能力的前提。

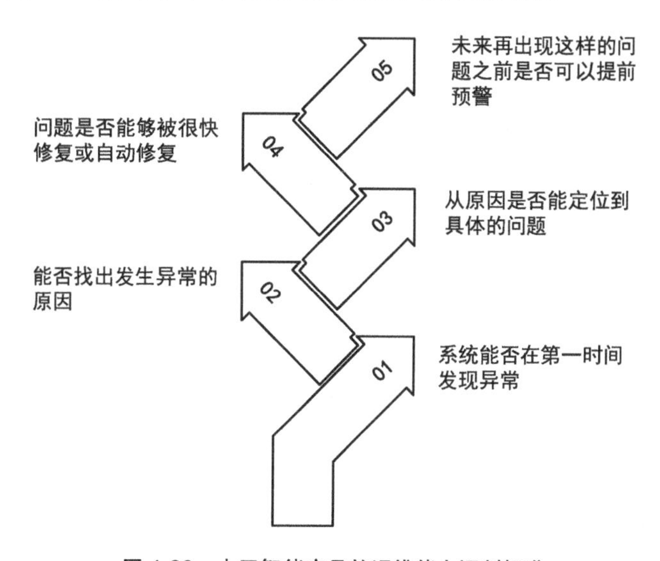

图 4-23　人工智能产品的运维能力评判标准

系统运维技术从早期工具时代（实现了计算机化，但运维流程尚属摸索阶段，没有规范），到 Pre-DevOps 阶段（ITIL 体系，DevOps 等理念被提出），再到 DevOps 阶段（该阶段追求运维流程、运维手段等角度实现完全的自动化，最终实现无人干预的运维过程），一直到今天的 AIOps（Artificial Intelligence for IT Operations）阶段（人工智能技术与 IT 运维技术相结合），如图 4-24 所示。

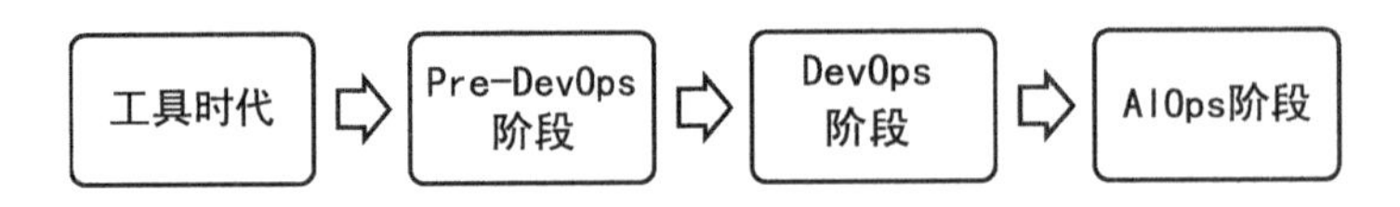

图 4-24　运维技术的发展历程

这样的发展过程在人工智能时代是一种必然，理由如下。

（1）复杂、多变的软/硬件架构故障本身就难以避免。

（2）人工智能的业务本身对于系统响应速度和安全运转稳定性提出了更高的要求，当出现异常时需要对运维方案进行快速的决策和部署。

（3）由于架构复杂、数据来源多（各类传感器、IoT 设备等）导致的运维规则复杂、多变，很难依靠人工去维护和升级。

（4）人工智能产品体系中蕴藏了海量、多样、高价值的监控数据。

AIOps 是 Gartner 公司在 2016 年正式提出的概念，是一种结合了机器学习和大数据技术的运维管理软件体系。相比于传统运维体系，它可以提供类人交互、主动决策、理解执行等能力，如图 4-25 所示。首先 AIOps 的两个核心组成元素是机器学习和大数据技术，这就需要去除 IT 数据孤岛，将观测数据（包括应用画像、服务图谱、业务指标、应用性能、基础设施性能、日志、调用链、基础设施等）和在大数据平台中的工单、异常事件中的数据结合起来，然后通过各种机器学习策略去分析。AIOps 融合了 IT 服务管理、IT 性能管理和自动化运维三种不同领域的技术，提供针对运维的改进和修复的决策建议。

目前 AIOps 尚处于落地实践的初期，自然语言处理、智能搜索、知识图谱、监督学习、在线学习、深度学习等技术在运维场景下的工程化应用仍旧处于探索阶段。AIOps 的工程化流程可以用图 4-26 表示。

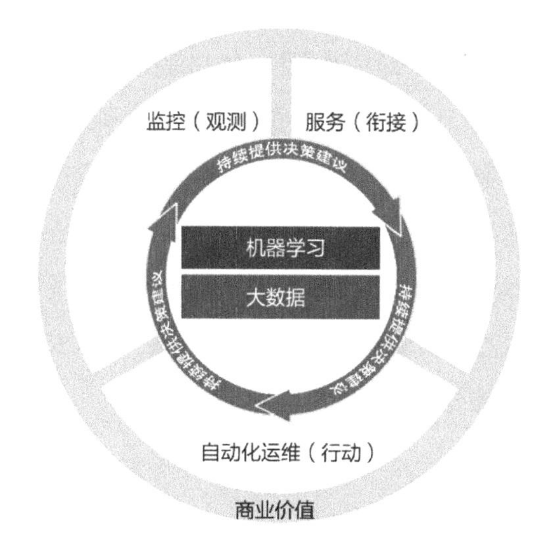

图 4-25　Gartner 提出的 AIOps 框架

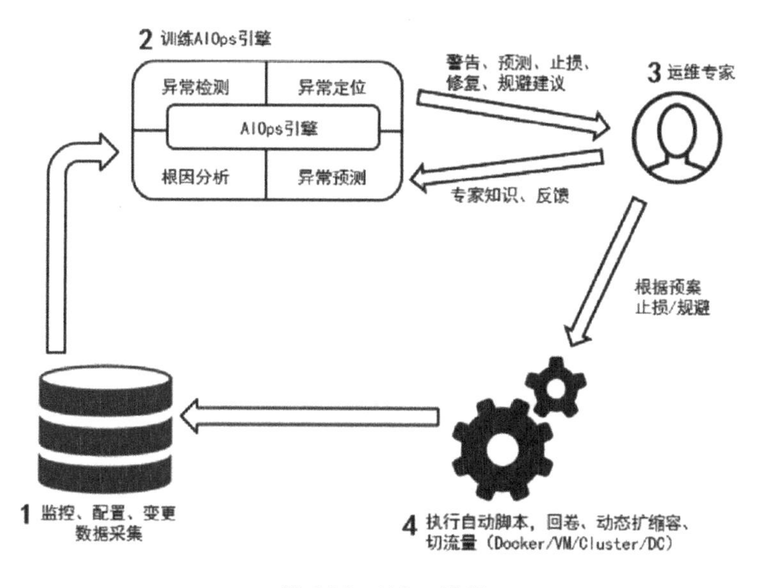

图 4-26　AIOps 流程

第 1 步，来自监控、配置和变更的各种运行数据会给 AIOps 引擎提供训练数据。第 2 步，AIOps 引擎（包括多个智能运维模型）会接受运维专家（至少对监控、容器技术、CI/CD、故障诊断等技术非常精通）知识和反馈的不断训练，最终形成一个集异常检测、异常定位、根因分析、异常预测于一体的综合模型。在模型并不成熟之前，整个流程扮演了辅助专家进行运维的角色，即提供警告、预测、止损、修复、规避建议。第 3 步，运维专家看到这些警告和建议后可以快速根据已有的预案采取止损和规避操作。第 4 步，接下来通过执行自动化的脚本完成回卷、动态扩缩容、切流量等目标。随着模型在识别、推理和决策上的逐步完善，AIOps 会实现常规运维工作的智能化操作包括：运行状况监控、问题定位、业务需求梳理、需求变更、操作指导、数据应用、模块分配、参数设置等。

第5章

机器学习

机器学习（Machine Learning）是人工智能的分支，专门研究计算机怎样模拟或实现人类的学习行为，其通过各种算法训练模型，并用这些模型对新问题进行识别与预测。本质上机器学习是一种从数据或以往的经验中提取模式，并以此优化计算机程序的性能标准。近些年来，由于机器学习融合了统计学、数学、计算科学、生物学、心理学等众多学科的知识和成果，已经成了人工智能的核心，是使计算机具有智能的重要途径之一。

在机器学习产品的研发过程中，需要产品经理准确找到用户需求与机器学习技术的交集（如图 5-1 所示），为训练模型创造必要的计算资源，以及在产品研发期间为研发提供高质量的训练数据。另外，为了能与研发人员进行高效沟通，还需要掌握一些基础知识。

基于以上工作内容和要求，需要产品经理至少能够掌握：①机器学习流程；②机器学习可以解决的问题分类；③算法的基本原理；④工程实践中算法、数据和计算资源三者间的依赖关系等。

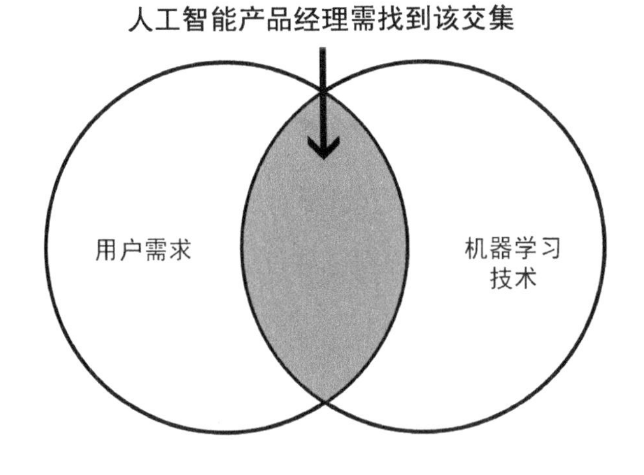

图 5-1　产品经理在机器学习产品研发中扮演的角色

本章的目标是帮助产品经理了解机器学习，并参与到机器学习产品研发过程中。

从产品经理参与工程实践所需的知识背景出发，对常见机器学习概念、机器学习流程、机器学习算法等几个方面进行知识的归纳和总结。

本章仅囊括了机器学习中比较核心的概念，如果读者想系统、全面地学习机器学习知识，建议阅读一些专门针对机器学习的书籍，例如《Machine Learning: a Probabilistic Perspective》（Kevin P. Murphy 著）或者《Pattern Recognition and Machine Learning》（Christopher M. Bishop 著）等。

5.1 什么是机器学习

5.1.1 机器学习与几种常见概念的关系

在深入了解机器学习之前，我们首先要理解和区分四个联系紧密的名词：人工智能、机器学习、表示学习（Representation Learning）、深度学习（Deep Learning），四个名词的包含关系如图 5-2 所示。

人工智能是一个非常广泛的概念，目标是让计算机能够像人一样思考。机器学习是人工智能的分支，是一种专门研究计算机怎样模拟或实现人类的学习行为，通过各种算法训练模型，并用这些模型对新问题进行识别与预测。随着越来越多的工程实践使用机器学习技术，人们发现简单的机器学习算法的性能，很大程度上依赖于人为给定数据的表示或特征（Representation），特征选取的结果决定了最终的学习效果。但在很多场景中，特征的选取会随着场景的变化而变化，依靠人工为一个复杂的场景设计特征需要耗费大量的人工和时间，因此，为了解决这个问题需要使用机器学习来挖掘出表示本身，而不仅仅是把表示映射到输出。我们称这种方法为表示学习。

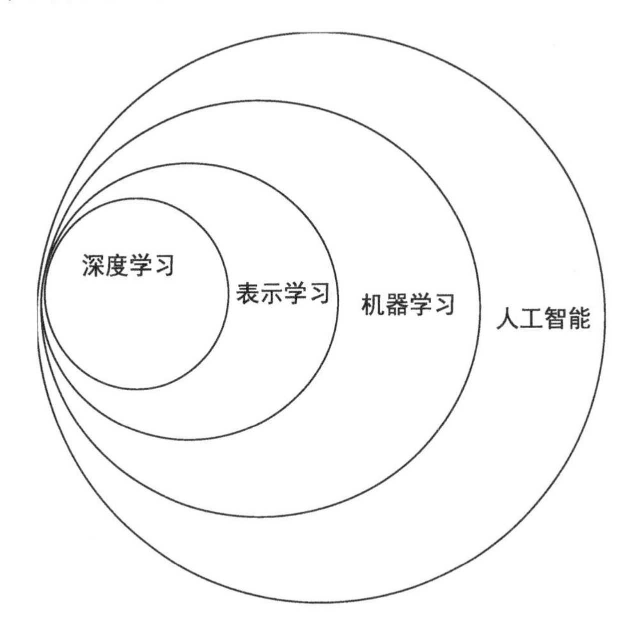

图 5-2　四个名词的包含关系

但在很多情况下，特征往往是不能被直接观察到的或是不可观测的，因此从原始数据中提取抽象的特征是极其困难的，普通的表示学习也难以满足人类的需求，于是人们发明了深度学习。它是一种试图由多重非线性变换构成的多个处理层（神经网络）对数据进行高层抽象的算法。图 5-3 展示了传统神经网络（左）与深度学习（右）。

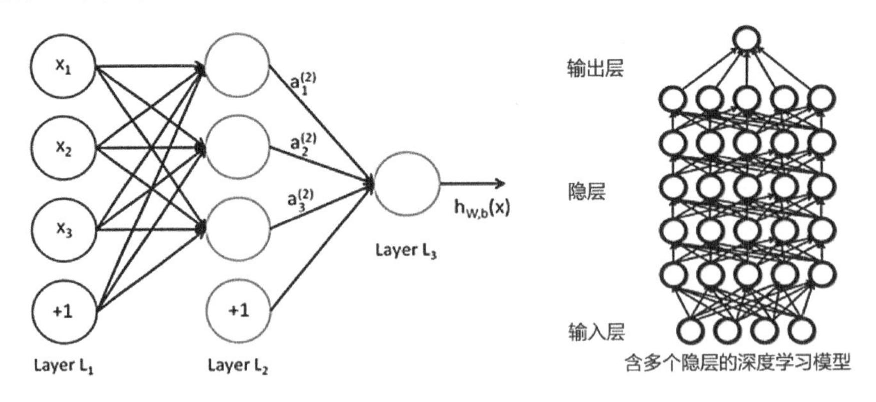

图 5-3　传统神经网络（左）与深度学习（右）

深度学习属于表示学习的一种，具有强大的灵活性，可以将复杂场景表示为嵌套的层次概念体系（通过较简单概念间的联系来定义复杂的概念），已经在语音识别、计算机视觉、自然语言处理与生物信息学等领域中被验证是一种非常有效的实现手段，相比于其他机器学习模型，降低了特征工程原本的高门槛。

尽管如此，我们应该认识到深度学习毕竟只是一种借鉴了脑神经科学的实现手段，与真实的人脑差距很大。例如人可以从很少的样本中总结规律，而深度学习却很难从小数据中训练优秀的模型，因为深度学习对数据的量、数据的特征维度，以及特征在空间中的分布情况等条件都有较高的要求。因此，并不是说深度学习就比其他机器学习算法都好，有些场景中深度学习方法还不如传统的机器学习方法效果好，这时只要用相对简单的其他机器学习的方法就可以解决，不需要用复杂的深度学习。

在人工智能体系中，以上几种学习方法的逻辑流程如图5-4所示，深色底色框环节表示能从数据中学习的组件。

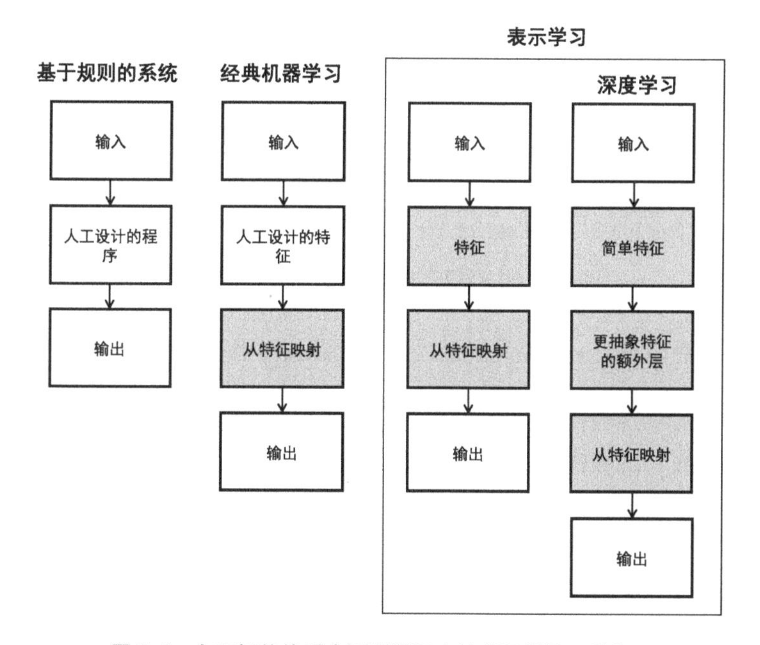

图5-4 人工智能体系中不同学习方法的逻辑处理流程

5.1.2 机器学习的本质

机器学习之所以能够给人工智能领域带来如此大的革新，绝不仅仅是依靠数据和计算能力的发展，背后还隐藏着一个巨大的原因。

俗话说“内行看门道，外行看热闹”。大多数人只看到了当前“弱人工智能”时代人工智能应用的局限性，而忽视了机器学习的本质和内在逻辑——它不仅仅是一种实现人工智能的技术手段，更是一种可以颠覆人类整个认知和宇宙观的产物，本节从机器学习的本质出发，随我一同探究这其中的奥秘。

机器学习的产生源于人类对于自身学习过程的理解，如图 5-5 所示。

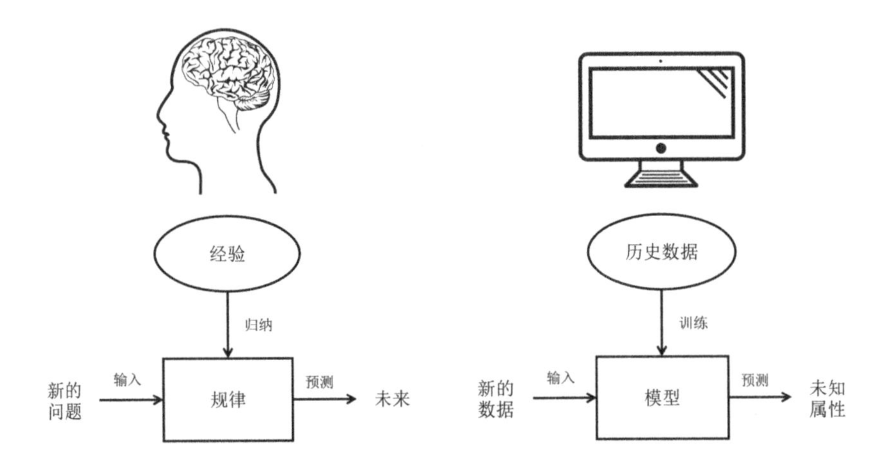

图 5-5 人类学习与机器学习逻辑处理流程对比

从该图中可以看出，人类是通过经验和知识去对事物进行判断并采取行动的，而机器学习是通过对海量数据进行学习，构建了复杂的、有些时候无法解释的模型，当新的数据输入时，依靠该模型进行预测。

如果比较这两个流程，一个关键的对应关系是，复杂的机器学习模型正好对应人类通过知识和经验总结出的规律，正是这种数据处理的逻辑差别导致机器学习在某些方面超越了人类，使得机器学习可以成为人工智能的一种重要实现手段。下面接着深入描述这个关键环节。

在围棋界大放异彩的 AlphaGo Zero，作为 DeepMind 围棋软件 AlphaGo 的最新版本，已经不再受限于人类认知。旧版本的 AlphaGo 获得专家数据的代价很高，而且依靠专家的指导，反而可能会限制人工智能的能力上限。AlphaGo Zero 则通过无监督学习，进行连续地自我对弈几百万局，直到能预测自己的每一手棋对棋局结果的影响，仅需要几天的模型训练过程，它就可以达到击败人类顶尖棋手的实力。在这个案例中，机器通过自学海量数据总结出规律，并形成自身的“方法”指导每一步棋。整个过程相当于直接建立了复杂的“数据”和“认知”的关系库。

而人对这个世界的认知过程不同，人需要基于“已有知识和经验”对“新问题”进行处理和判断。因此，人类的认知过程是“数据／信息”→“专业知识/经验常识”→“认知”，这要比机器的认知过程多一步，如图 5-6 所示。

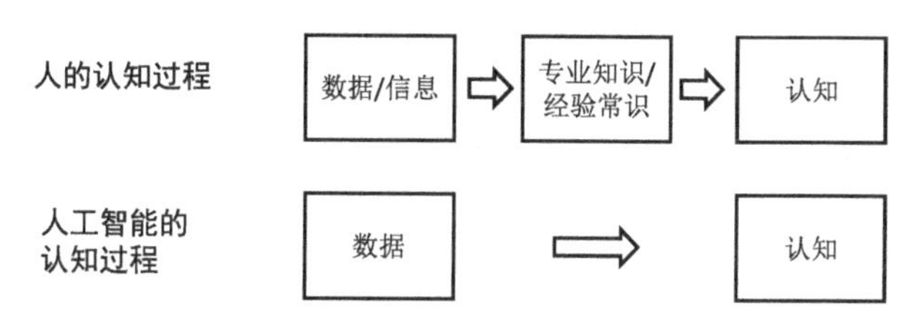

图 5-6　机器和人的不同认知过程

从表面上看，人的效率更高，因为不需要每遇到一个新的问题就重新学一遍海量数据，依赖已有的知识和经验也可以实现认知和判断。例如，让一个孩子区别猫和狗只需要给他/她举几个案例，看几张图片就够了，而机器还需要学习海量数据，才能实现猫和狗的辨别。换一个新的动物让机器去识别，机器还需要重新学习新动物的数据，而人则完全可以依靠各种已有知识和经验快速完成判断。但是事实证明，在某一个特定领域中，只要机器具备足够的运算能力和训练数据，它可以“一直学”，不断提高认知和推断能力，也就是说在该特定领域里，机器迟早会超越人类。

这就引发了一个关于“数据”和“知识”谁更有价值的问题。

知识是什么？

知识论（Theory of Knowledge）是探讨知识的本质、起源和范围的一个哲学核心研究分支。千百年来，对于知识本质的研究从未停止过，有一种对于知识的最基本的定义，通常被绝大多数哲学家认可：知识是一种命题，这种命题属于真理（Truths）和信仰（Beliefs）的交集，而在这个交集中，只有一部分内容可以被称为知识。不同哲学流派的意见分歧主要来源于对交集内容的甄选标准差异，如图 5-7 所示。

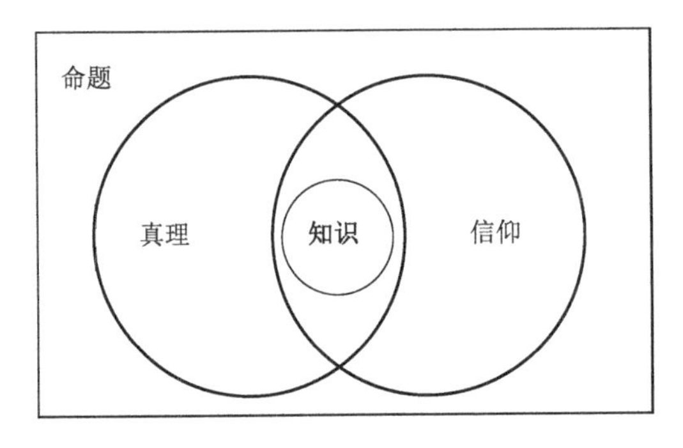

图 5-7　知识论中对知识的一种解释

“认知判定法则”（Justified True Belief）是一种经典的知识论主张。该理论认为，如果一个人相信某件事，那么只有在这件事是真实的并有确凿证据证明的情况下，这个人才算真正知道这件事，如图 5-8 所示。

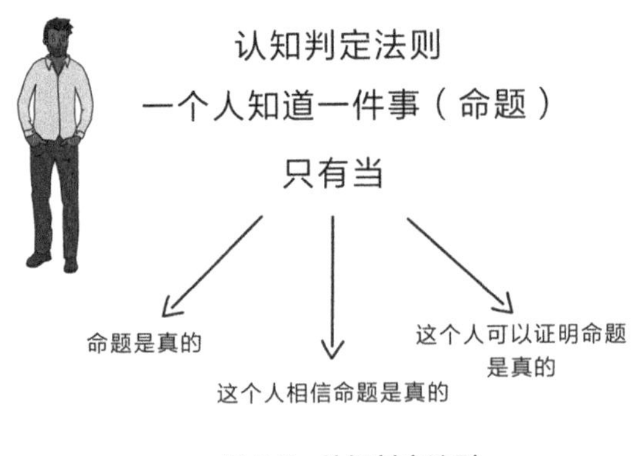

图 5-8　认知判定法则

这种观点尽管曾经非常流行，但很快就被一些哲学家证明是不够严谨的。很多提出反对意见的学者通过各种案例证明“认知判定法则”只适用于一些纯理性的场景中，例如算数和几何学领域，而在一些通过经验获得知识的场景中就显得漏洞百出。这些持反对意见的学者认为“确证”（Justified）并不是知识的必要条件，而只要有恰当的因果关系（恰当的因果关系理论）或可靠的信仰产生过程（可靠主义）就可以说某个人拥有了知识。

你不需要亲眼看到尼尔·奥尔登·阿姆斯特朗成为第一个登陆月球的人，就可以确认你具有这样的知识。这个知识可能是一开始通过电视转播，后来被某个作家看到并将之写进了书里，而你恰好读了这本书的这个内容，如图 5-9 所示。

图 5-9　一种常见的认知过程

在某些情境中，你甚至回忆不起来是怎么知道某种知识，但是你确实知道这些知识。因此，不能因为这些知识不能被确证而怀疑你不具备这些知识。

有关确证或辩护的问题一直是知识论中被争论不休的问题，常见的几种论点包括：内在论（Internalism）和外在论（Externalism）、证据主义（Evidentialism）和可靠主义（Reliablism）、基础主义（Foundationalism）和反基础主义（Anti-Foundationalism）等。

之所以我们要从哲学角度讨论知识，是因为要引出任何一种哲学主张都无法忽视的一个事实，就是知识的局限性。知识本质上就是由于人类不具备机器这样的计算能力才选择的一种妥协办法，这种办法将有限的数据进行加工，最终实现系统化、逻辑化、因果化的描述方式，而这些描述方式都是人类为了理解和解释世界上发生的所有事情，而给出的简化了的、概括了的答案。这种简化和概括过程必然导致精确性的牺牲。

而机器学习不同，它从海量数据出发，通过复杂的算法和运算能力，寻找一切数据背后的规律。这个过程无须总结“知识”，更无须对“知识”进行解释和描述，甚至很多模型已经无法通过人类的任何一种归纳和表达方式去解释其原理，但是它就是能够解决问题，而且在某些方面已经比人类强大得多。

不得不承认，机器学习的到来是对哲学中知识论的一种挑战，机器学习的逻辑就是绕开知识，用数据说话。不得不感叹人类的伟大，创造了如此具有颠覆性的家伙。

我们可以预见，机器学习尤其是深度学习将在未来发挥越来越大的作用，帮助人类越来越深刻地理解世界。科技的进步一定伴随着对传统观念的颠覆，进而会引来大面积的质疑和反对，但这不影响机器学习帮助人们看到世界本来的面目。

2017 年诺贝尔经济学奖得主理查德·塞勒（Richard Thaler）认为，人的经济行为经常是非理性的。他同时认为，这种非理性不仅在人的经济行为中表现明显，在日常生活中也较为普遍，如果我们能克服这种非理性，采用以数据为中心的思考方式，就可以帮助我们在日常生活中做出理性的决定，提高决策效率。理查德·塞勒的观点与机器学习的本质不谋而合。

尽管机器学习从某种程度上颠覆了人们对认知过程和知识的理解，但正是因为它自身逻辑的特殊性，也带来了一些弊端，其中之一就是机器学习可能会使人类失去多样性。

在人类社会中，由于每个人的经历、经验、大脑构造、民族、信仰等各种方面存在巨大差异，导致人们面对同样的“输入数据”（各种社会现象、面对的事件和矛盾等）时，拥有不同知识的人将得出不同的结论和做出不同的判断。同样，即使是拥有相同知识的人，当面对的输入数据量不同时，也将得出不同的判断和对事物不同的看法。这些不同的判断和看法给人类带来了多样性，产生了不同的民族、信仰、习俗等缤纷的人类现象。人类的进步和繁荣离不开多样性，正是因为多样性才带来了创造力，也正是因为差异，人类才有了不断改变现状的动力。

反观机器学习，因为不存在知识的概念，只是简单粗暴地从数据中获得结果，所以当训练数据量接近时，不同的机器会产生极度接近的结果和判断能力，因此失去了因多样性带来的创造力。

有关机器学习和人类之间的比较还会继续下去，无论机器学习多么强大，它终究是人类创造出来的。机器学习不是与生俱来就拥有意义和价值的，是人赋予了它意义，它才成了帮助人类理解世界和解决人类各种需求的工具。

5.2 机器学习流程拆解

对于机器学习的理解应从抽象到具体，如果说上节的内容帮助你从抽象的角度理解了机器学习的本质，那么本节内容会从机器学习的内在流程开始，对每个步骤的概念、价值和逻辑进行描述，为你揭开机器学习的神秘面纱。

一个典型的机器学习流程如图 5-10 所示。

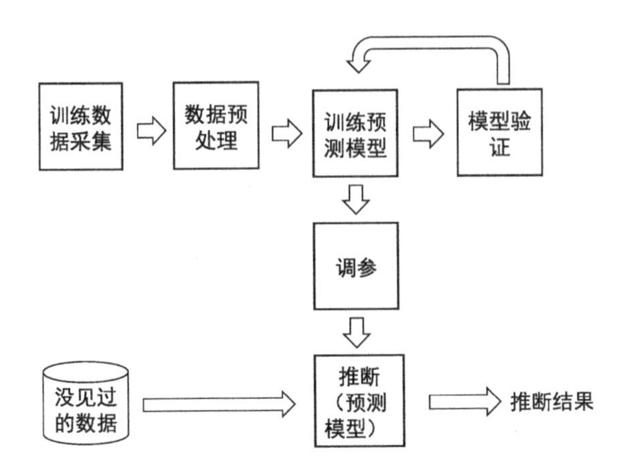

图 5-10　机器学习处理过程流程图

（1）训练数据采集

训练数据作为机器学习过程中的输入来源是从各种渠道中被采集而来的。在监督学习的场景中还需要对数据进行标记，例如训练自动驾驶模型时不仅需要汽车行进中的路况图像数据，而且需要标记图像中的汽车、行人、街道指示牌等。再如，情感分析模型需要用标签标记，来帮助算法理解人类使用的俚语或讽刺挖苦的表达方式。有时数据标记的工作往往非常耗时耗力，在某些场景中的标记工作不仅对人的专业背景有较高要求，而且完成标记所需的周期极长（例如精准医疗领域中通过 X 光片进行疾病预测），因此研究人员正在努力研究可以实现自动标记数据的工具。

（2）数据预处理

训练数据（输入数据）的"质"和"量"从某种意义上决定了机器学习的成败，但是原始训练数据的质量常常无法满足训练要求，例如原始数据具有不完整、嘈杂、不一致等缺陷，因此需要经过数据预处理过程才能将原始数据变成有效的训练数据集。机器学习的数据预处理与普通的数据挖掘过程中的预处理流程和侧重点不同，而且不同的机器学习场景对数据进行预处理的方式也不同。例如普通数据挖掘中的预处理概念就比较宽泛，包括数据清洗、数据集成、数据转换、数据削减、数据离散化等。

而深度学习中数据预处理的过程主要包含数据归一化（包括样本尺度归一化、逐样本的均值相减、标准化）和数据白化。另外，在预处理阶段我们还需要将数据分为三种数据集，包括用来训练模型的训练集（Training Set），开发过程中用于调参（Parameter Tuning）的验证集（Validation Set）以及测试时所使用的测试集（Test Set）。

（3）训练预测模型

在正式开始训练预测模型之前，需要针对我们的训练目标进行分类。理解目标的本质对选择训练（学习）的方式至关重要，机器学习可以实现的目标可以被分为：分类、回归、聚类、异常检测等。前期算法工程师需要通过测试集和训练集，在几种可能的算法上做一些 Demo（样本）测试，再根据测试的效果选择具体的算法。这样可以避免后期由于大范围的模型训练策略改动而带来的损失。选择好训练（学习）方式后就可以正式开始模型训练了。接下来，我们用一个最简单的线性（直线）模型的训练过程举例，如图 5-11 所示。

$$y = m \times x + b$$

输出　斜率　输入　y轴上的截距

图 5-11　线性模型

其中 x 是输入，m 是直线的斜率，b 为截距，y 是输出。我们要训练的目标是获得 m 和 b。机器学习里 m 本质上代表了数据的各种特征，可能有非常多个。这些 m 的集合可以组成一个矩阵，我们称为权重 W（Weights）。机器学习里 b 代表了偏置（Bias），我们所有的偏置都放到一起，称其为偏置集合 B（Biases），权重和偏置都是在模型训练过程中的参数，如图 5-12 所示。

$$\text{Weights} = \begin{bmatrix} m_{1,1} & m_{1,2} \\ m_{2,1} & m_{2,2} \\ m_{3,1} & m_{3,2} \end{bmatrix}$$

$$\text{Biases} = \begin{bmatrix} b_{1,1} & b_{1,2} \\ b_{2,1} & b_{2,2} \\ b_{3,1} & b_{3,2} \end{bmatrix}$$

图 5-12　权重和偏置集合的概念

在机器学习流程的一开始，我们会初始化一些 W 和 B，但是这个时候通过输入数据 x 得到的 y 的预测效果一定很差，随着输入数据的增加，我们会得到无限接近 W 和 B 的真实集合，这个过程就是机器学习。

举例说明这个过程。为了让机器学会判断某种物体的形状，假设我们可以人为地穷举出形状的所有权重和偏置集合，并可以用程序语言直接写出来，那么我们根本不需要使用训练（学习）这个过程，但是真实的世界中，大多数的知识和认知要比识别物体形状难得多，很多认知都是“只可意会而不能言传”的，因此我们只能依靠计算机算出权重和偏置的集合，而这个过程就是训练（学习）。机器学习的最终目标是实现输入一个 x，预测 y 的结果无限接近人或超过人。

图 5-13 体现了模型训练的整个过程，每当有数据输入，模型都会输出预测结果，而预测结果会用来调整和更新 W 和 B 的集合，接着训练新的数据，直到训练出可以预测出接近真实结果的模型。机器就是通过反复执行这个流程从而实现的模型训练。

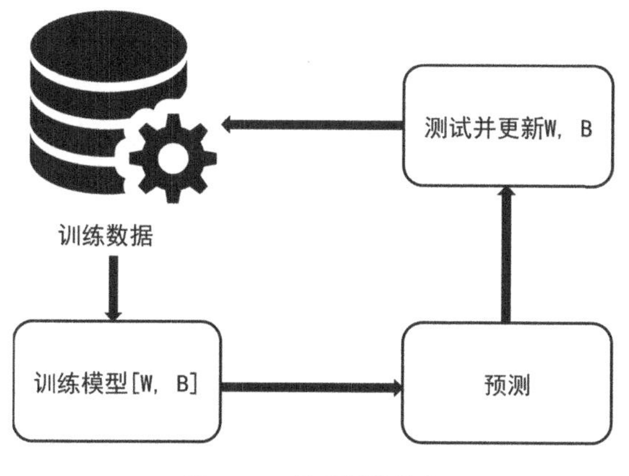

图 5-13　模型训练流程

（4）模型验证（Evaluation）

接下来，是时候看看训练后的模型质量了。我们利用在第（2）步数据预处理中准备好的测试集（Test Set）对模型进行测试，由于测试集的数据对于模型来说是从没见过的，因此可以客观地度量模型在现实世界中的表现情况。模型的效果通常用“拟合程度”来形容，例如某个图片识别的任务中模型训练后的误差率与人类的平均误差率只相差 1%，然而测试集误差比训练集误差高了 10%，这就意味着模型在全新的（没见过）的数据上表现很不好，因此我们可以判断这个模型过拟合（Overfitting）了。而如果训练模型的误差和人类误差相比差别很大，那么说明模型的效果比较失败，可能要重新调整整个流程。过拟合通常是因为模型过度地学习训练数据中的细节和噪音，以至于模型在新的数据上表现很差，从而导致模型泛化能力较差。模型复杂程度、参数、特征数以及训练数据的选取，都可能是导致过拟合现象的原因。

（5）调参（Parameter Tuning）

对模型的评估结束后，可以通过调参的手段对训练（学习）过程进行优化。参数可以分为两类，一类是需要在训练（学习）之前手动设置的参数，即超参数（Hyperparameter），另外一类是通常不需要手动设置、在训练过程中可被自动调整的参数（Parameter）。在一个神经网络模型中阐释两者区别如图 5-14 所示。权重 W 就是参数，层数就是超参数。

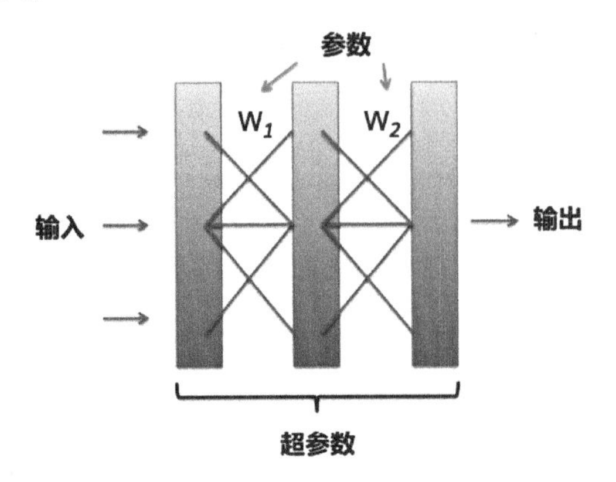

图 5-14　神经网络模型中的参数和超参数

调参的过程，是一种基于数据集、模型和训练过程细节的实证过程，图 5-15 描述了一个典型的深度学习调参流程，通过调试不同超参数（在这个例子中调试的是学习速率）的值来测试模型效果，直到找到能够实现最低代价函数 J 的超参数。调参通常需要依赖经验和灵感来探寻其最优值，本质上更接近艺术而非科学，因此调参也是考察算法工程师能力高低的重点环节。

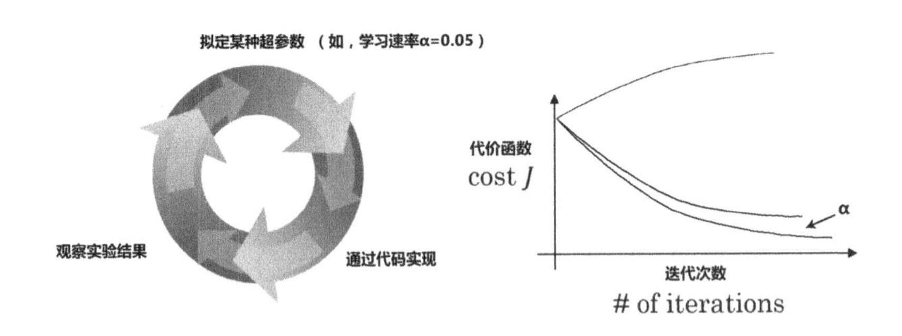

图 5-15　深度学习中的调参过程

（6）推断（Inference）

机器学习的目标是利用数据来回答某种问题，因此推断或预测是机器学习回答问题的关键一步，同时也是机器学习价值体现的重要环节。

5.3 人工智能产品经理必备的算法常识

在算法并没有被大规模应用于软件程序之前，软件程序的编排是按照程序员预先设计好的逻辑规则执行出来的结果，换句话说，人是可以预见到程序的执行流程和输出结果的。

随着用户需求的不断演进，产品被要求提供更好的用户体验，例如为用户提供“千人千面”的个性化服务、预测未来走势的功能等。软件产品无法再依赖单纯的程序逻辑堆叠，程序需要具备自主学习能力，即程序的逻辑需要随着外部环境改变而改变。

大量算法的使用是实现这种自主学习效果的主要手段。算法（尤其是机器学习）、数据、计算能力被公认为人工智能的三大基石，三者关系相辅相成。人工智能近些年来之所以能取得快速发展，并被大范围地应用到各种产品中，正是因为：万物互联积累的大量数据被沉淀下来，计算机的计算能力得到了突破性的发展，算法也从大量的数据中快速学习并形成复杂的模型。

在深入理解算法之前，我们应该区分两个在各种场合中经常被提及，但很容易混淆的名词即“模型”和“算法”。“算法”是指解题方案的准确、完整的描述，是一系列解决问题的清晰指令。算法代表着用系统的方法描述解决问题的策略机制。“模型”实际上是一种相对抽象的概念，在机器学习领域特指通过使用各种算法对数据进行训练后生成的一种“中间件”，当有新的数据输入（Input）到模型后会有相应的结果输出（Output），而这个“中间件”就是模型。在上节提到的机器学习流程中，模型会因训练数据和算法的不同而产生变化。例如，你可以通过相同的算法和不同的训练数据产生一种不同的模型，也可以使用不同的算法和相同的训练数据产生另外一种不同的模型，算法和模型的关系如图 5-16 所示。

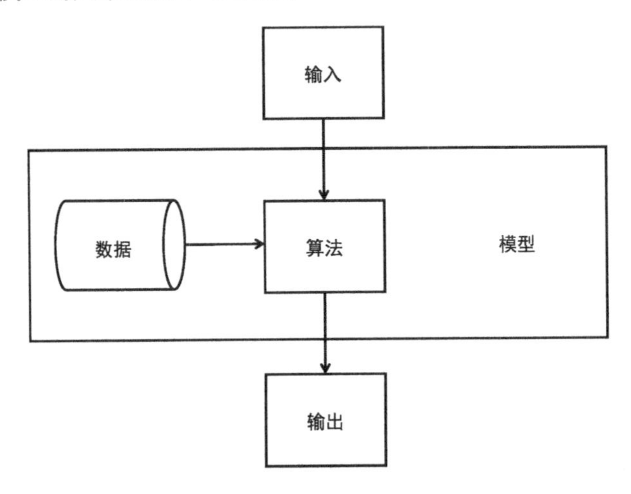

图 5-16　算法和模型的关系

再用一个例子来说明两者的区别：假设你要处理一个监督学习的分类问题，你选取人工神经网络模型（Artificial Neural Network, ANN）作为基础模型，在这个基础模型内，你可以对隐藏层（Hidden Layer）的数量、神经元连接的权重和神经元的激励值（Activities of the Neurons）进行调整，这些都是属于模型的一部分。你还可以使用反向传播算法（Backpropagation）对模型进行训练。另外，你还可以使用 Adam（Adaptive Moment Estimation）算法、RMSProp 算法、随机梯度下降（Stochastic Gradient Descent, SGD）算法等不同的算法对模型进行优化和调整，最终目的都是让模型更加高效。

除了理解算法和模型的区别以外，还有一些常见的专有名词也经常造成混淆，例如语音识别（ASR）、语音合成（TTS）、计算机视觉（CV）、自然语言处理（NLP）、文本/语义理解（NLU）、即时定位与地图构建（SLAM）这些都是人工智能的一些应用领域，每种应用领域都包含了若干模型，因此不能用“XX 算法”或“XX 模型”来描述这些领域。

5.3.1 算法分类

算法按照不同角度有多种分类方式。

按照模型训练方式不同可以分为监督学习（Supervised Learning）、无监督学习（Unsupervised Learning）、半监督学习（Semi-supervised Learning）和强化学习（Reinforcement Learning）四大类。

按照解决任务的不同来分类，粗略可以分为二分类算法（Two-class Classification）、多分类算法（Multi-class Classification）、回归算法（Regression）、聚类算法（Clustering）和异常检测（Anomaly Detection）五种。

人工智能产品经理应主动了解和掌握每种常见算法的基本逻辑、最佳使用场景以及每种算法对数据的要求。这有助于：①建立必要的知识体系以与研发人员进行良好的交流；②在团队需要的时候提供必要的帮助；③识别和评估产品迭代过程中的风险、成本、预期效果等。

下面就列举一些常见算法类型及其包含的算法集合。由于机器学习领域处于快速发展期，再加上其本身属于多学科的融合，各学科都有属于自己的算法分类方法，因此该领域至今没有统一的算法分类方案。产品经理无须纠结算法的分类，无论哪种分类方式并没有好坏之分。

1. 监督学习

从给定的一组输入 x 输出 y 的训练集中，学习将输入映射到输出的函数（如何关联输入和输出），且训练集中的数据样本都有标签（Label）或目标（Target），这就是监督学习。如图 5-17 所示，是一种监督学习在象限中的表示方法。×和○分别代表有标签的两种数据类别。

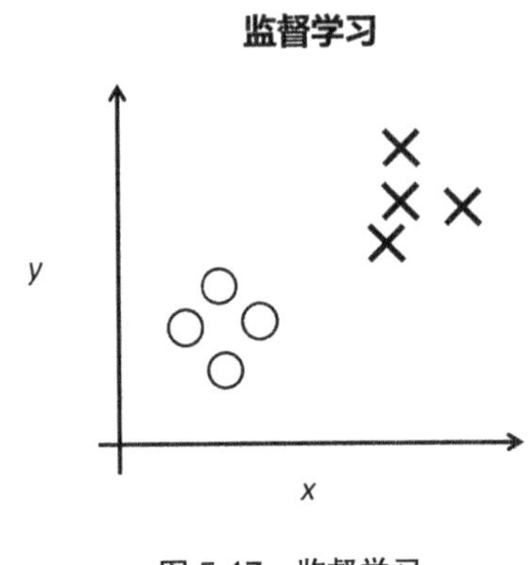

图 5-17　监督学习

监督学习的目标是当有未知数据输入后，这个推断函数可以准确地预测输出。整个流程如图 5-18 所示。

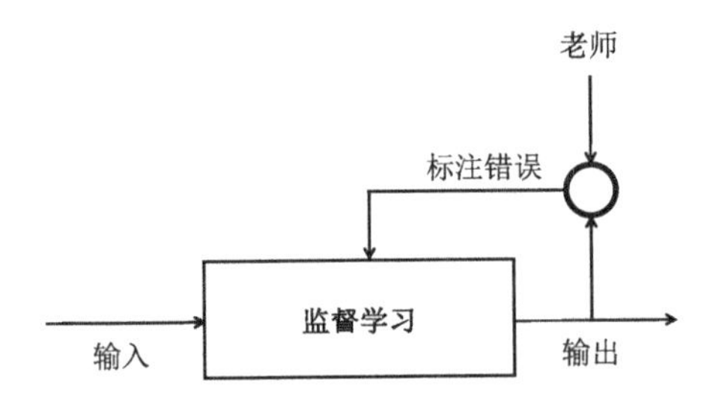

图 5-18　监督学习流程

监督学习可以用于识别图片中的动物是猫还是狗，训练集中的图片应包含明确的猫或狗的标签。但是由于在某些场景中获得带有标签的训练数据成本非常高，例如在某些疾病筛查中获取医学影像数据的标签不仅周期长，而且需要较高的医学水平才能完成，因此从某种意义上说，监督学习由于过分依赖于人类专家的指导，反而会限制机器的潜力。

常见的监督学习类算法包含以下几类。

（1）人工神经网络（Artificial Neural Network）类：自动编码器（Autoencoder）、反向传播（Backpropagation）、玻尔兹曼机（Boltzmann Machine）、卷积神经网络（Convolutional Neural Network）、Hopfield 网络（Hopfield Network）、多层感知器（Multilayer Perceptron）、径向基函数网络（Radial Basis Function Network, RBFN）、受限玻尔兹曼机（Restricted Boltzmann Machine）、回归神经网络（Recurrent Neural Network, RNN）、自组织映射（Self-organizing Map, SOM）、尖峰神经网络（Spiking Neural Network）等。

（2）贝叶斯（Bayesian）类：朴素贝叶斯（Naive Bayes）、高斯贝叶斯（Gaussian Naive Bayes）、多项朴素贝叶斯（Multinomial Naive Bayes）、平均一依赖性评估（Averaged One-Dependence Estimator, AODE）、贝叶斯信念网络（Bayesian Belief Network, BBN）、贝叶斯网络（Bayesian Network, BN）等。

（3）决策树（Decision Tree）类：分类和回归树（Classification and Regression Tree, CART）、迭代 Dichotomiser 3（Iterative Dichotomiser 3, ID3）、C4.5 算法（C4.5 Algorithm）、C5.0 算法（C5.0 Algorithm）、卡方自动交互检测（Chi-squared Automatic Interaction Detection, CHAID）、决策残端（Decision Stump）、ID3 算法（ID3 Algorithm）、随机森林（Random Forest）、SLIQ（Supervised Learning in Quest）等。

（4）线性分类器（Linear Classifier）类：Fisher 的线性判别（Fisher's Linear Discriminant）、线性回归（Linear Regression）、逻辑回归（Logistic Regression）、多项逻辑回归（Multinomial Logistic Regression）、朴素贝叶斯分类器（Naive Bayes Classifier）、感知（Perception）、支持向量机（Support Vector Machine）等。

2. 无监督学习

无监督学习和监督学习最大的区别就是无监督学习的训练数据没有标签。无监督学习的目标是从没有人为注释的训练数据中抽取信息，学习从分布中采样、去噪、寻找数据分布的流形或是将数据中的相关样本聚类。

图 5-19 是一个无监督学习类型中的聚类算法在象限中的表示方法，整个过程实现了从无标签的数据中学习其“隐藏”结构并将他们分成不同的类型。

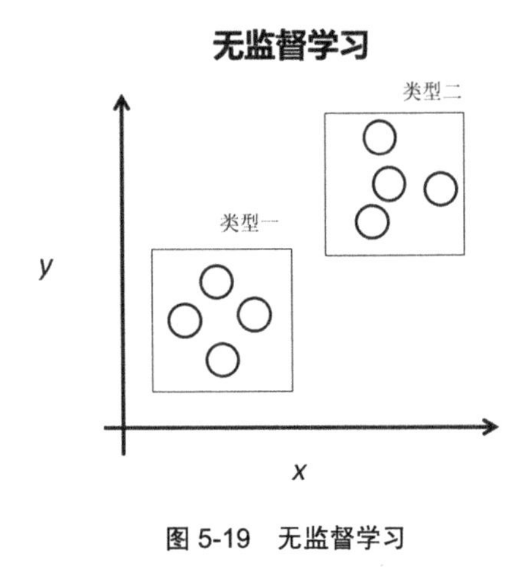

图 5-19　无监督学习

无监督学习的流程如图 5-20 所示。

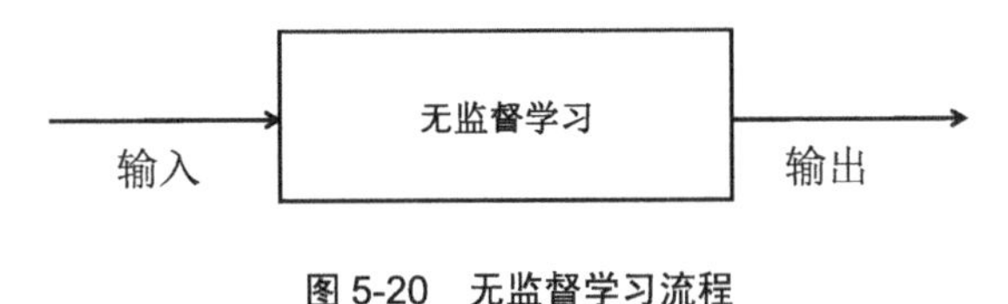

图 5-20　无监督学习流程

一个典型的无监督学习算法是在搜索引擎中，实现将来自不同类型网站的相似的网页汇总到一起，当你搜索某一个关键词时，其会将相似的内容从上至下显示出来，显示在最上面的就是最接近你搜索词的内容，这个功能就使用到了聚类算法。另外，在社交网络中预测不同的交际圈、在市场客户群体细分中将客户按照不同类型聚类等，都是无监督学习的案例。

常见的无监督学习类算法包含以下几类。

（1）人工神经网络（Artificial Neural Network）类：生成对抗网络（Generative

Adversarial Networks, GAN）、前馈神经网络（Feedforward Neural Network）、逻辑学习机（Logic Learning Machine）、自组织映射（Self-organizing Map）等。

（2）关联规则学习（Association Rule Learning）类：先验算法（Apriori Algorithm）、Eclat 算法（Eclat Algorithm）、FP-Growth 算法等。

（3）分层聚类（Hierarchical Clustering）：单连锁聚类（Single-linkage Clustering）、概念聚类（Conceptual Clustering）等。

（4）聚类分析（Cluster analysis）：BIRCH 算法、DBSCAN 算法、期望最大化（Expectation-maximization, EM）、模糊聚类（Fuzzy Clustering）、K-means 算法、K 均值聚类（K-means Clustering）、K-medians 聚类、均值漂移算法（Mean-shift）、OPTICS 算法等。

（5）异常检测（Anomaly detection）类：K 最近邻（K-nearest Neighbor, KNN）算法、局部异常因子算法（Local Outlier Factor, LOF）等。

3. 半监督学习

在很多机器学习场景中，由于有标签数据的获取成本较高，因此往往训练数据中的一部分有标签，另一部分没有标签，而且在工程实践中通常只有少量的有标签数据和绝大多数的无标签数据。研究人员发现在无监督学习中混入一些有标签的数据，哪怕数据量不多也会获得意想不到的模型质量。这种介于监督学习和无监督学习之间的方式就叫做半监督学习。隐藏在半监督学习下的基本规律在于：数据的分布往往不是完全随机的，通过将一些有标签数据的局部特征与更多没标签数据的整体分布融合到一起，可以获得鲁棒性更高的模型效果。半监督学习本质上更接近人类的日常学习方式。

常见的半监督学习类算法包含：生成模型（Generative Model）、低密度分离（Low-density Separation）、基于图形的方法（Graph-based Method）、联合训练

（Co-training）等。

4. 强化学习

强化学习是一种让计算机通过不断尝试，从错误（反馈）中学习如何在特定的情境下，选择可以得到最大的回报的行动，最后找到规律、达到目标的方法。强化学习具有明确的“分数导向性”，每次尝试都会给结果一个打分，机器的目标是尽量获得更高的分数，避免低分。强化学习的输入包括状态（State）、动作（Action）、奖励（Reward），输出是方案（Policy），相当于在每个状态下做出的下一步动作选择。强化学习的流程如图 5-21 所示。

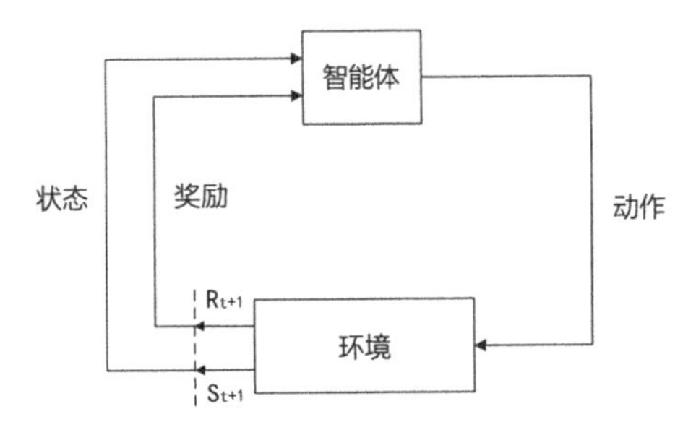

图 5-21　强化学习流程

从图 5-21 可以看出，强化学习的过程中包含：智能体（Agent）、环境（Environment），智能体接收从环境传来的状态并做出动作，环境感知到智能体的动作后更新状态的同时，反馈给智能体一个奖励。智能体从这种不断试错的经验中发现最优方案，从而在这个过程中获取更多的奖励。

强化学习与监督学习不同，它不是利用明确的行为（有标签的训练数据）来指导，而是利用已有的训练信息来对行为进行评价。强化学习与无监督学习也不同，无监督的学习的本质是从一堆未标记样本中发现隐藏的结构，而强化学习的目的主要是通过学习怎样获得最大化奖励信号来反复尝试直到模型收敛。

强化学习的案例很多，AlphaGo 就是通过让计算机在不断下围棋的过程中进行打分，不断更新行为准则，最终掌握下围棋的技能并得到高分。在很多电脑游戏中，强化学习也是一种快速实现超越游戏好手的学习训练方式。

常见的强化学习类算法包含：Q 学习（Q-learning）、状态—行动—奖励—状态—行动（State-Action-Reward-State-Action, SARSA）、DQN（Deep Q Network）、策略梯度算法（Policy Gradient）、基于模型强化学习（Model Based RL）、时序差分学习（Temporal Different Learning）等。

5. 深度学习

深度学习是一种试图使用由多重非线性变换构成的多个处理层，对数据进行高层抽象的算法。深度学习的好处是用无监督或半监督的特征学习和分层特征提取高效算法来替代手工获取特征。深度学习本质上是让计算机用层次化的概念体系来理解和学习，而每个概念则通过与某些相对简单的概念之间的关系定义，从而实现通过简单概念学习复杂概念。深度学习的应用非常广泛，典型的应用比如电商平台的商品推荐引擎，还有社交网络平台向用户推荐他可能关心的新闻、可能感兴趣的电影、可能需要的专家建议等。本书在 5.1.1 章节中也有关于深度学习的介绍，在这里不过多描述。

常见的深度学习类算法包含：深度信念网络（Deep Belief Machine）、深度卷积神经网络（Deep Convolutional Neural Network）、深度递归神经网络（Deep Recurrent Neural Network）、分层时间记忆（Hierarchical Temporal Memory, HTM）、深度玻尔兹曼机（Deep Boltzmann Machine, DBM）、栈式自动编码器（Stacked Autoencoder）、生成对抗网络（Generative Adversarial Network）等。

6. 迁移学习

迁移学习是一种把已经训练好的模型参数，迁移到新的模型上来帮助新模型训练的学习方法。将在充足样本的任务 A 中训练好的模型能力迁移到样本不充足的任务 B 中，即在 A 模型基础上继续对 B 模型进行构建。迁移学习诞生的主要是因为在某些场景中的训练数据获取难、成本高。迁移学习的流程如图 5-22 所示。

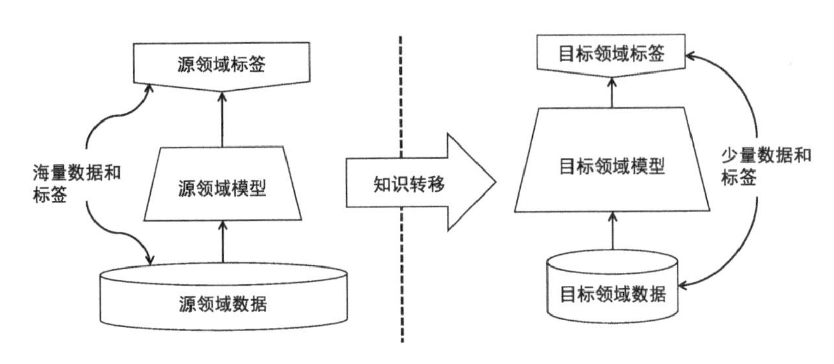

图 5-22　迁移学习流程

常见的迁移学习类算法包含：归纳式迁移学习（Inductive Transfer Learning）、直推式迁移学习（Transductive Transfer Learning）、无监督式迁移学习（Unsupervised Transfer Learning）、传递式迁移学习（Transitive Transfer Learning）等。

5.3.2　算法的适用场景

即使是经验丰富的数据科学家，也无法在尝试不同算法之前，就回答哪种算法表现最佳。但把算法全部尝试一遍的成本太高，所以我们需要在选择算法之前分析一些因素，尽量缩小算法选择的范围。这些因素包括以下几点。

（1）数据量的大小、数据质量和数据本身的特性。

（2）机器学习要解决的具体业务场景中问题本质是什么？

（3）可以接受的计算时间是什么？

（4）算法精度要求有多高？

只有考虑到上面提到的这些因素，我们才能将业务场景中的需求转化为算法逻辑，并依此选择不同种类的算法（大类），从而进一步缩小选择范围，并逐步接近最佳算法。由于不同的算法各有优缺点，鱼与熊掌不可兼得，因此需要权衡训练目标的优先级。这需要开发人员，一方面对业务需求有比较清晰的理解，能抓住本质；另一方面对每种算法的适用场景有明确的认知。下面就列举一些常见算法的适用场景。也可以视为将算法按照解决的任务类型进行分类。

1. 二分类算法

在我们的生活中有很多二分类的问题，比如我们评价一个事物的好坏、美丑、值不值得等。假设我们需要做一个决定，如去不去看电影、打不打球、玩不玩游戏等，这些可以抽象为“二选一”的问题都叫做二分类问题。

我们可以通过机器学习方法让机器实现各种推断和预测的能力，例如电商平台的推荐引擎可以预测用户是否会购买某个推荐品类，舆情平台帮助企业识别网络上对于品牌的各种评论是正面还是负面，还能根据用户的上网行为判断性别是男性还是女性等，这些都是二分类问题。

下面列举出常见的几种算法，以及它们的适用场景或效果特点。

（1）二分类支持向量机（Two-class SVM）：适用于数据特征较多、线性模型的场景。

（2）二分类平均感知器（Two-class Averaged Perceptron）：适用于训练时间短、线性模型的场景。

（3）二分类逻辑回归（Two-class Logistic Regression）：适用于训练时间短、线性模型的场景。

（4）二分类贝叶斯点机（Two-class Bayes Point Machine）：适用于训练时间短、线性模型的场景。

（5）二分类决策森林（Two-class Decision Forest）：适用于训练时间短、精准的场景。

（6）二分类提升决策树（Two-class Boosted Decision Tree）：适用于训练时间短、精准度高、内存占用量大的场景。

（7）二分类决策丛林（Two-class Decision Jungle）：适用于训练时间短、精准度高、内存占用量小的场景。

（8）二分类局部深度支持向量机（Two-class Locally Deep SVM）：适用于数据特征较多的场景。

（9）二分类神经网络（Two-class Neural Network）：适用于精准度高、训练时间较长的场景。

2. 多分类算法

二分类问题实际上解决了非黑即白的问题，但这个世界上的问题和矛盾在很多情况时提供了多个选项（选项≥3 个）。例如高考选择题大多数以四选一为主，预测天气，可能的结果是晴天、阴天、大暴雨、雪天、雾天等，视觉识别、手写体识别也都是典型的多分类问题。

解决多分类问题通常使用三种解决方案：第一种，从数据集和使用方法入手，利用二分类器解决多分类问题；第二种，直接使用具备多分类能力的多分类器；第三种，将二分类器改进成为多分类器进而解决多分类问题。

下面列举出常见的几种算法，以及它们的适用场景或效果特点。

（1）多分类逻辑回归（Multiclass Logistic Regression）：适用于训练时间短、线性模型的场景。

（2）多分类神经网络（Multiclass Neural Network）：适用于精准度高、训练时间较长的场景。

（3）多分类决策森林（Multiclass Decision Forest）：适用于精准度高，训练时间短的场景。

（4）多分类决策丛林（Multiclass Decision Jungle）：适用于精准度高、内存占用较小的场景。

（5）“一对多”多分类（One-vs-all Multiclass）：取决于二分类器效果。

3. 回归算法

回归问题通常被用来预测具体的数值而非分类。除了返回的结果不同，其他方面与分类问题相似。我们将定量输出，或者连续变量预测称为回归；将定性输出，或者离散变量预测称为分类。例如，天气预报预测天气类型的问题是分类问题，而预测明天的温度、湿度、PM2.5 指数就是典型的回归问题。

下面列举出常见的几种算法，以及它们的适用场景或效果特点。

（1）排序回归（Ordinal Regression）：适用于对数据进行分类排序的场景。

（2）泊松回归（Poisson Regression）：适用于预测事件次数的场景。

（3）快速森林分位数回归（Fast Forest Quantile Regression）：适用于预测分布的场景。

（4）线性回归（Linear Regression）：适用于训练时间短、线性模型的场景。

（5）贝叶斯线性回归（Bayesian Linear Regression）：适用于线性模型，训练数据量较少的场景。

（6）神经网络回归（Neural Network Regression）：适用于精准度高、训练时间较长的场景。

（7）决策森林回归（Decision Forest Regression）：适用于精准度高、训练时间短的场景。

（8）提升决策树回归（Boosted Decision Tree Regression）：适用于精准度高、训练时间短、内存占用较大的场景。

4．聚类算法

聚类的目标就是发现数据的潜在规律和结构。聚类通常被用作描述和衡量不同数据源间的相似性，并把数据源分类到不同的簇中。例如社交软件根据用户的兴趣爱好以及在线行为数据对社交人群进行划分，就是一个典型的聚类问题。

下面列举出常见的几种算法，以及它们的适用场景或效果特点。

（1）层次聚类（Hierarchical Clustering）：适用于训练时间短、大数据量的场景。

（2）K-means 算法：适用于精准度高、训练时间短的场景。

（3）模糊聚类 FCM 算法（Fuzzy C-means, FCM）：适用于精准度高、训练时间短的场景。

（4）SOM 神经网络（Self-organizing Feature Map, SOM）：适用于运行时间较长的场景。

5．异常检测

异常检测是指对数据中存在的不正常或非典型的个体进行检测和标志，有时也称偏差检测。

异常检测看起来和监督学习问题非常相似，都是分类问题，都是对样本的标签进行预测和判断，但是实际上两者区别非常大，因为异常检测中的正样本（异常点）非常小，例如工厂检测产品瑕疵行为就是个典型的异常检测场景，可能在几万个样本中都找不到一个正样本，大部分都是负样本（没瑕疵的产品）。

还有，瑕疵的规律非常难找，也就是说下一个找到的异常点（瑕疵）与之前找到的任何一个异常点的特征都可能完全不同。而监督学习问题中，通常具有足够的正样本供机器学习，相对容易找到正样本的规律，而且未来要找到的正样本与之前的正样本基本上具有相同特点，例如垃圾邮件分类、天气预测、癌症分类等。

异常检测还经常被使用在如下场景：信用卡欺诈检测、计算机安全监测、健康风险监测等。以信用卡欺诈检测为例，通过对用户购买行为习惯建模，银行可以检测到异常消费情况，如购买的物品种类分布与平时不同，就及时对用户进行风险提醒。

下面列举出常见的几种算法，以及它们的适用场景或效果特点。

（1）一分类支持向量机（One-class SVM）：适用于数据特征较多的场景。

（2）基于 PCA 的异常检测（PCA-based Anomaly Detection）：适用于训练时间短的场景。

5.4 机器学习的常见开发平台

伴随着机器学习（包括深度学习）的快速发展，各种机器学习开发平台如雨后春笋般涌现出来。机器学习平台为开发者提供一站式软件服务，包括构建机器学习模型的各种部件，支持实时管理配置功能，并可以实现对接各种底层硬件架构。每个框架都有各自的优点，没有最好的，只有最适合的。考虑到平台间的迁移成本较高，包括代码转移和人员培训学习等，企业应针对公司内部的产品定位和开发人员的知识、技能储备，慎重选择最适合的开发平台，避免频繁的平台更替。

表 5-1 列举了一些常见开源平台的名称、提供商、适用平台、开发语言和主要特点等信息。

表 5-1　常见的机器学习开发平台汇总

开源工具	研发机构	适用平台	开发语言	预训模型	分布式联机功能	主要特点
Caffe	BVLC	Ubuntu、OS X、AWS,、Windows 等	C++、Python	有	不支持	主要针对卷积架构的网络提供解决方案，适用于图像分类、目标识别、图像分割等图像处理领域，高性能、配置简单、适用平台多元
CNTK	Microsoft	Windows、Linux 等	C++	无	支持	基于 C++并且跨平台的深度学习工具，部署简单、性能强大，但目前暂不支持在移动设备上部署
DMTK	Microsoft	Windows、Linux 等	C++	有	支持	机器学习算法与大数据处理深度融合，有丰富易用的 API 接口，算力强大且高效，实用性强
DL4J	Skymind	Linux、Ubuntu、Windows、OS X、Android	Java、Scala、C、C++	有	支持	属于首个商用级别（非研究目的）深度学习开源工具，以即插即用为目标，可与 Hadoop 和 Spark 深度集成，方便开发者在快速集成深度学习功能
MXNet	DMLC	Ubuntu、OS X、Windows、AWS, Android、iOS、JavaScript	C++、Python、Julia、Matlab、Go、R、Scala 等	有	支持	允许用户自由把图计算和过程计算混合，支持自动多卡调度，强调高内存使用效率、高使用性能
OpenAI Gym	OpenAI	Linux、OS X 等	Python 等	有	支持	专注非监督式学习和增强学习，具有完备的训练测试环境集成，承诺非营利性
Paddle	百度深度学习实验室	Windows、Linux、OS X 等	C++、Cuda 等	有	支持	云端托管的分布式深度学习平台，以 Spark 异构计算平台为基础架构，对于序列输入、稀疏输入和大规模数据的模型训练有着良好的支持，代码简洁、运行高效、支持拓展性强
TensorFlow	Google Brain	Linux、OS X、Windows	C++、Python、Cuda 等	无	支持	有深度学习专用运算库，易于混合使用多种不同模型进行训练，运行速度快、可扩展性、与产品可衔接性强
Theano	蒙特利尔理工学院	Linux、Ubuntu、Windows 等	Python	有	不支持	可自行设计神经单元和神经连接，支持 MLP、CNN、RNN-LSTM 等多种深度神经网络，缺点是 C++代码的编译过程较为缓慢
Torchnet	FAIR	Linux、Android、OS X、iOS	C、Lua	有	不支持	采用可抽象和公式化逻辑的开源框架，提供种类丰富的基本概念和代码集，可执行抽象和公式化代码，允许模块化编程和代码重复使用

首先，建议产品经理对各类机器学习开发平台有所了解。其次，建议熟悉开发平台的常见功能并亲自参与一些简单的工程实践。这些对于加深理解对机器学习有非常大的帮助。另外，对平台的一些常用工具和能力有所了解，也有助于产品经理在跟工程师沟通的时候换位思考。

例如，TensorFlow 是一个采用数据流图（Data Flow Graphs）进行数值计算的开源机器学习开发平台，用于各种感知和语言理解任务的机器学习。产品经理可以学习使用 TensorBoard（TensorFlow 自带的一个可视化工具）的可视化图表了解训练过程，如图 5-23 所示。TensorBoard 可以将模型训练过程中的各种数据汇总起来（例如神经网络的结构、张量、激活函数、代价函数、神经元等）并保存在自定义的路径与日志文件中，然后在 Web 端可视化地展现这些信息。产品经理掌握该工具的使用方式，不仅有助于理解机器学习常见术语的内在含义，而且有助于在可视化的基础上，针对模型训练的效果与开发人员进行沟通。

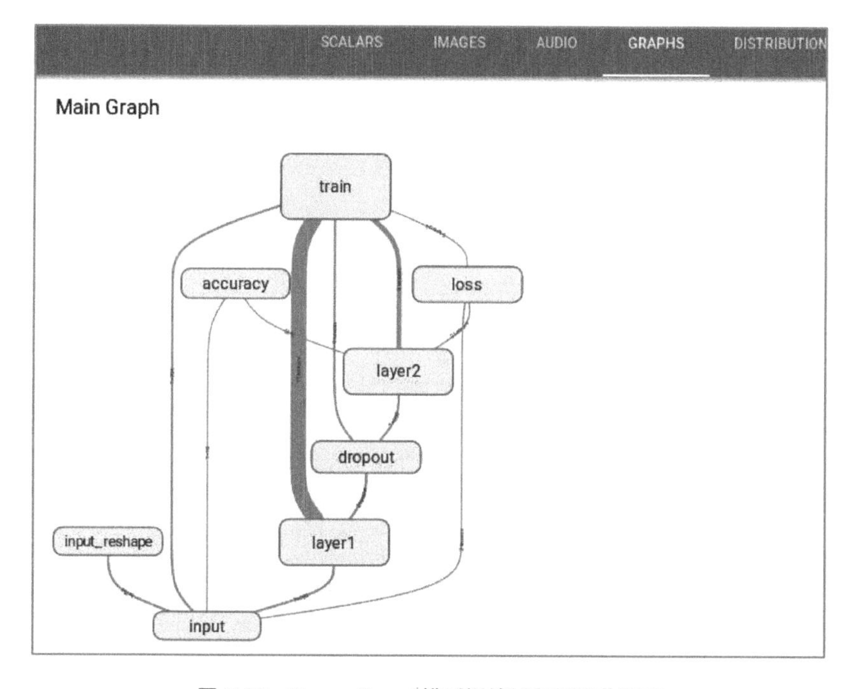

图 5-23　TensorBoard 模型训练过程图形化展现

机器学习开发平台的使用门槛不断降低是必然的发展趋势，产品经理可以自主使用类似的工具把平时的一些想法快速验证。例如谷歌利用迁移学习（Transfer Learning）和神经架构搜索技术（Neural Architecture Search Technology）让没有机器学习开发背景的人可以通过 Cloud AutoML（如图 5-24 所示）定制个性化的机器学习模型。用户只需在云端上传自己的标签数据，就能得到一个训练好的机器学习模型。整个过程，从数据导入到标记到模型训练，完全无须编程，通过拖放式界面就可以快速完成。而且大量实验证明，通过 Cloud AutoML 自动生成的模型，已经比某些过去需要专家设计的模型在图片分类上效果更好。

图 5-24　Cloud AutoML 的运行逻辑

第6章

人工智能产品经理工作流程

每个人工智能产品的管理方式都与其所属行业背景、用户需求以及技术在行业中的应用成熟度有密不可分的关系，因此实际上并不存在完全一样的管理方法。如果你仔细阅读了本书第 4 章内容，就会发现不同应用领域的人工智能产品需要的知识体系完全不同，而且各自领域都有极其深厚的技术积累。例如，计算机视觉（CV）产品和自然语言处理（NLP）产品从行业数据特征、业务场景以及算法模型等方面都显得大相径庭，虽然同属于人工智能行业，但是两个领域中产品经理的知识体系完全不同。

尽管如此，我们仍然需要一套固定的工作流程作为产品管理的一种工具和规范，这样的规范可以帮助你理清思路，快速上手任何一种人工智能产品。

本章按照标准的产品管理内容编排，从设定产品目标、进行技术预研、需求分析、产品设计、参与研发流程以及持续产品运营六个关键环节对产品经理的标准工作流程进行了定义。无论你在设计一个功能模块还是对一个产品进行完整的定义和规划，或许都需要对人工智能产品管理流程做到心中有数，在固定的工作流程中和团队进行协同，并充分理解每个阶段应该做的事和目标。当你可以熟练地使用规范流程指导你的工作后，你就可以在这种标准的流程基础上定义自己的产品方法论。当你拥有了适合你的产品方法论，并开始指导你的产品管理工作后，我相信源源不断的产品创新正向你走来。

6.1 设定清晰的目标

在本书第 3 章“定义人工智能产品需求”中已经对人工智能产品的目标设定方式和技巧有了一定描述，本节会从更宏观的角度定义目标设定。设定目标是任何一个新功能/产品的第一步，也是至关重要的一步，清晰的目标不仅是立项的基础，是产品新功能迭代的开始，也是让团队上下所有成员统一目标的重要前提。

清晰合理的目标是产品经理能够说服公司老板进行资源投入的前提。尽管产品经理可以不费吹灰之力设定自己认为正确的目标，但往往会忽略在设定目标过程中的前提条件和准备工作，只有考虑每个前提条件并输出经过严谨分析后的产品目标结论，才能有把握通过公司内部的产品评审，并获得老板的支持。

本节提供了一个目标定义阶段的检查清单，产品经理需要通过调研和分析给出下面这些问题的答案，并在工作过程中积累和总结适合自己产品的检查清单，每次增加新需求时，都要对照清单每项内容评估需求的合理性。该清单内容并没有严格区分产品类型，To C（To Customer）和 To B（To Business）产品在某些方面存在区别，因此要产品经理自行调整。

（1）用户/客户痛点分析——场景描述

- 说明用户/客户具体的业务或需求场景是什么？
- 如果产品/功能投入使用，用户将在该场景中哪个流程环节里使用它们？
- 当产品没有问世之前，用户/客户都使用什么样的替代方案？
- 替代方案在多大程度上满足了用户/客户的需求？

（2）用户/客户痛点分析——痛点来源

- 用户/客户的痛点来源是自身还是来源于外界的某种压力（例如来自于更高管理者的压力和关注）？为什么存在这种压力？痛苦链条是什么？
- 用户/客户的痛点是否来自于人性？例如“贪嗔痴”（出自达摩祖师《觉性论》）。贪：贪欲、贪心、贪婪，因对事物的喜好而产生无厌足的追求、占有的心理欲望。嗔：嗔恨、嗔怒、嗔喝，因对众生或事物的厌恶而产生嫉妒、愤恨、恼怒的心理和情绪。痴：包含两层意思，第一是傻、无知，对事物不了解，愚昧无知；第二是迷恋、入迷，对某人或某事物全情投入，痴狂。

（3）用户/客户痛点分析——痛点全方位剖析

- 该痛点涉及的面有多广，是普遍问题还是个别问题？
- 该痛点是否符合政策导向或者是否合规？
- 该痛点涉及的需求是否是高频应用？
- 用户/客户愿意为此痛点买单吗？他们愿意付出什么样的代价来解决这个问题？
- 感觉到痛的人是否有采购决策权？

（4）市场分析

- 产品/功能在市场上的主要竞争对手都有谁？各自的竞争优势是什么？市场占有率如何？
- 是否已经有占有率比较高或比较被认可的产品？其有什么样的优势？
- 相比于竞争对手，我们的优势是什么？用户/客户选择我们的理由是什么？

经过上面四个方面的分析，产品经理需要对产品/功能进行“一句话”定义，作为之前所有调研、分析工作的总结，将产品的目标清晰地表达出来，方便评审和组织内部达成共识，例如“该产品或功能面向××客户，解决客户在××场景下××问题，给用户/客户带来××收益（也可以是效率、体验方面的优化等）。”

6.2 技术预研

当产品/功能目标从宏观到微观都有明确的定义后，产品经理就可以开始进行下一步工作：技术预研。

什么？技术预研？这不是研发人员应该关心的事吗？产品经理为什么要关注这种事？

没错，人工智能产品经理必须理解技术实现过程，只不过和研发人员关注的侧重点不同。人工智能产品的竞争是全方位的，计算芯片、算法模型、训练数据，以及各种不同类型的传感器带来的完全不一样的交互形态等，这些构成产品的关键因素都有可能成为取得竞争优势的关键。因此，产品经理不能仅关注用户体验而不关注实现用户体验的方式和过程，因为如果不理解技术原理，产品经理无法提出创造性和颠覆性的产品创意，更没有能力在产品生命周期的不同阶段协助技术人员共同完成产品的研发工作。

接下来，我们拿人脸识别（Face Recognition）产品举例，描述一个完整的产品技术预研过程。从这个案例中，你不仅会理解技术预研是如何与产品竞争力构建联系到一起的，而且会掌握人工智能产品经理是如何与研发团队完成高效协作并共同创造产品的。

6.2.1 领域技术基本现状和趋势

人脸识别属于计算机视觉（Computer Vision，CV，或称“机器视觉”）领域中的一种应用。计算机视觉领域的整体发展趋势有如下几个：①从“让机器看”到“让机器看懂、理解并执行”；②从看图片到看视频；③从分类到识别，再到理解，如图 6-1 所示。

计算机视觉的终极目标是实现用户的“喜欢与享受”，如图 6-2 所示。

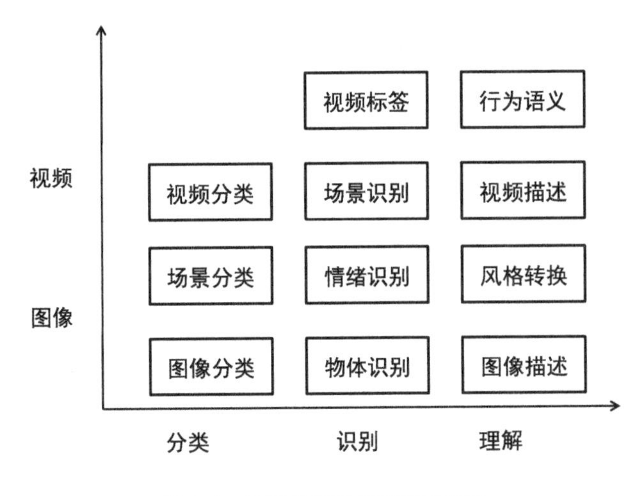

图 6-1 计算机视觉领域发展趋势

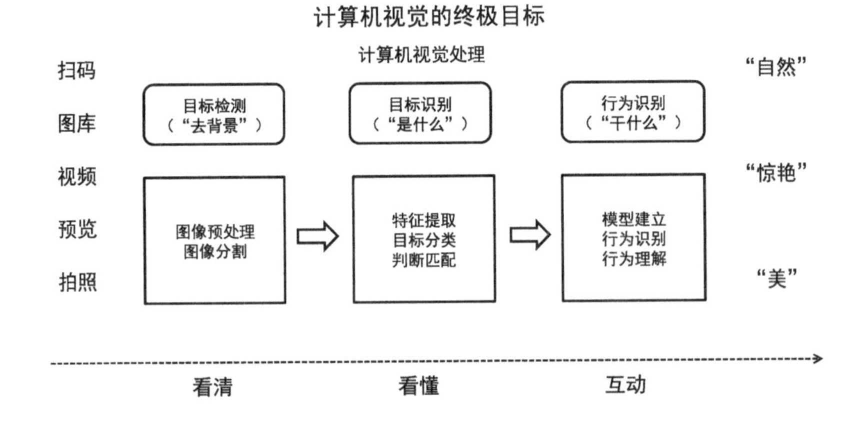

图 6-2 计算机视觉的终极目标

人脸识别技术是计算机视觉和深度学习领域在行业应用落地方面，相对成熟的一种技术。人脸识别技术的常见应用类型主要包括：人脸图像预处理、人脸图像检测、人脸图像采集、人脸特征提取、人脸特征识别、表情识别、3D 人脸重建、人脸变形等。

常见的人脸识别技术的流程主要包括五个部分，分别为：人脸图像采集、人脸检测、人脸图像预处理、人脸图像特征提取以及人脸匹配与识别，如图 6-3 所示。

图 6-3　人脸识别技术流程

开始调研每个技术环节之前，首先需要了解一个完整的计算机视觉产品的构成元素至少包含以下三部分。

（1）图像采集

图像采集的目的是使被测物的重要特征显现，同时抑制不需要的特征。例如，可以用单色光照射彩色物体以增强被检测物体相应特征的对比度，用镜头聚集光线在摄像机内部成像，摄像机的作用是将通过镜头聚焦于像平面的光线生成图像。镜头中最重要的组成部件是数字传感器，包括 CCD（Charge-coupled Device）和 CMOS（Complementary Metal-oxide Semiconductor）等。

（2）视觉处理过程

图像采集环节所有的硬件设备相当于人眼，而视觉处理环节才是大脑。人眼将数据采集回来，之后大脑对这些图像的处理才是计算机视觉实现的关键。这部分既包含配合算法进行数据运算处理的芯片，又包含各种复杂的计算机视觉算法。值得注意的是，在不同的计算机视觉细分行业中对于处理芯片的要求也不同，产品经理应区分对待。例如无人驾驶领域的 ADAS 需要处理海量由激光雷达、毫米波雷达、摄像头等传感器采集的海量实时数据，而人脸识别需要处理的数据类型和特征维度则与之不同，因此对于芯片的要求也截然不同，供应链体系也完全不同。

（3）成像或判别结果呈现

成像与判别结果呈现的目的是呈现处理结果或对控制器（门禁、报警等）进行控制。

接着分析计算机视觉行业的产业链结构，如图 6-4 所示。计算机视觉行业的产业链结构属于典型的人工智能层级结构。上游是各种扮演基础技术支撑的硬件提供商，主要提供高清摄像头、芯片、传感器以及服务器等硬件，负责数据采集、分析、存储等。中游是技术应用层的图像识别软件商，在某一具体识别领域提供技术和应用的平台。下游是提供方案集成的垂直领域解决方案提供商，给用户交付方案和产品的同时提供维修保养等服务。

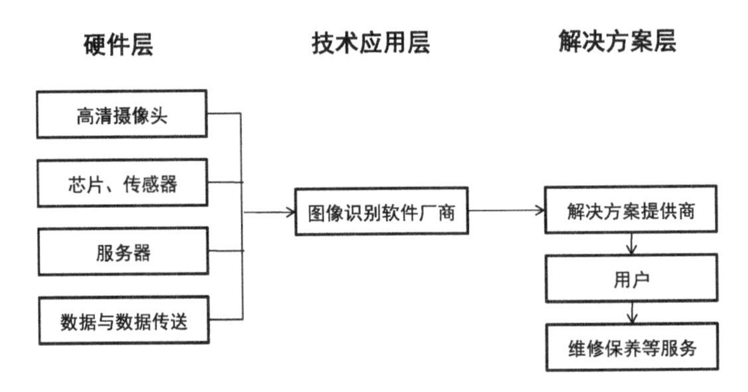

图 6-4　计算机视觉行业的产业链

产品经理需要从产业链中找到自己的产品对应的环节，并重点横向对比在同一产业环节中的竞争对手的状况。另外，该产业链中各种厂家由于受到市场份额、竞争壁垒、政策优势等影响，行业里上下游厂商的话语权不同，因此要根据具体行业分析这些因素，这有助于在上下游厂商的商务谈判中制定有针对性的策略。

6.2.2　领域前沿技术

由于深度学习、传感器技术、运算芯片技术的快速发展，深度摄像头（3D 传感器）成为了近年来计算机视觉行业投资和创业的热点之一。

深度信息捕捉技术实际上是为计算机视觉和智能分析提供基础数据的一种技术手段，该手段在人脸识别中完成了对人脸完整的三维坐标信息的捕捉。能够获得这些三维数据信息的摄像被称为深度摄像头，这种摄像头和普通摄像头的区别在于，普通摄像头只能捕捉到二维信息，而深度摄像头能够测量视野内空间每个点的深度数据，从而获得完整的三维坐标信息。除了人脸识别外，该项技术也已经在人体跟踪、人机交互、即时定位与地图构建、AR/VR 等领域得到了广泛应用。

目前，市面上比较成熟的深度信息捕捉方案有三种：结构光（Structured Light）、双目视觉（Binocular Vision）以及飞行时间法 3D 成像（Time of Flight，TOF）。

第一种方案，结构光（单目）。通过发射特定图形的散斑或者点阵的激光红外图案，摄像头捕捉被检测物体反射回来的图案，计算上面散斑或者点的大小，然后与原始的尺寸作对比，从而测算出被测物体到摄像头之间的距离。一般的实现结构光的方案有两种，散斑衍射方案和编码结构光方案。结构光的缺点是太阳光和玻璃反射的红外干扰大，适合于各种消费类电子产品中的前置 3D 成像，用于近距离场景。

第二种方案，双目视觉（双目可见光）。用两个高清（或普通）摄像头获得深度信息，即模拟人的双眼，通过两个摄像头的视差来确定距离信息，这种方案也是最基本的、硬件成本最低的 3D 建模方案，但缺点是运算量大、分辨率和精度要求越高则计算越复杂、实时性差。因此这种方案目前多用于手势识别（变化小，运算量较小）。

第三种方案，飞行时间法 3D 成像（TOF）。通过发出的激光打到被检测物体后发射回来的时间差算距离，传感器发出调制的脉冲红外光，当遇到物体反射后，计算出光线的发射和反射的时间差或相位差，最终实现距离的测量，从而取得深度信息。该方案的优点在于精准，尤其是使用激光时，即使距离远也没有散射的干扰，但缺点也很明显，其功耗高、体积大、发热量大，而且成本在三种方案之中也是最昂贵的。

这三种方案的对比如表 6-1 所示。

如果产品要参与到类似的前沿技术的研发和竞争中，产品经理一定要提前分析不同技术实现方案在全球范围内的专利所属权，这也成为了人工智能领域立体化竞争战略的部署准备工作。例如，在结构光领域，某些公司已经在散斑衍射这种实现方案中申请了结构、算法、制造工艺等方面的专利。因此，如果还想使用散斑衍射作为技术实现方式显然不是一个好的选择，可以选择编码结构光方案作为实现路径避开其他公司的专利覆盖范围。

表 6-1 三种主流的深度摄像方案对比

方案	结构光	双目视觉	TOF
基础原理	激光散斑编码	双目匹配，三角测量	反射时差
分辨率	中	中高	低
精度	中高	中	中
频率	中	低	高
抗光照（原理角度）	低	高	中
硬件成本	中	低	高
算法开发难度	中	高	低

另外，由于人脸识别属于生物特征识别技术的一种，因此产品经理需要了解其他几种技术的优/劣势，以便于在某些特殊场景下寻找替代和互补方案。例如表 6-2 中展示了人脸识别与其他几种生物特征识别技术的比较。

表 6-2 三种图像类生物识别技术比较

	指纹识别	人脸识别	虹膜识别
易用性	高	高	中
准确性	高	高	极高
接受程度	高	高	中
安全程度	高	较高	极高
长期稳定性	高	高	高
响应速度	快	慢	快
影响因素	干燥、灰尘、年龄	光线、面部特征变化	光线等

6.2.3 常见技术逻辑

以人脸识别技术在安防监控场景中应用的技术逻辑为例，如图 6-5 所示。

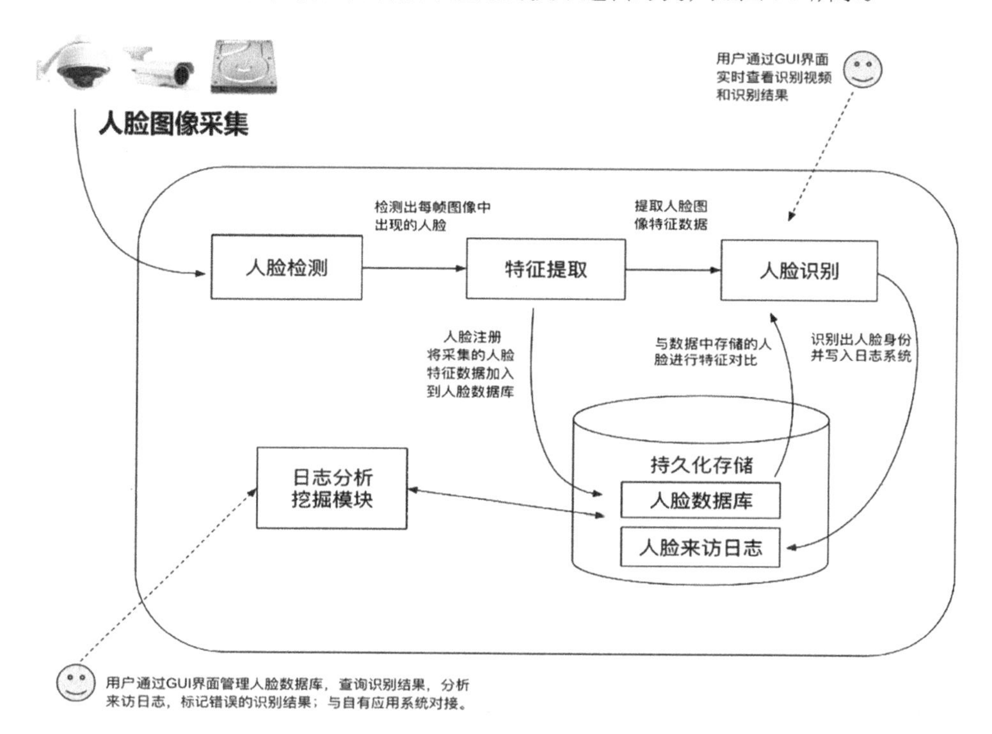

图 6-5　人脸识别技术逻辑

下面就将每一步技术环节逐个进行拆解和分析。

1. 人脸图像采集

（1）图像体积（Image Size）

图像体积指的是图片文件占用的存储空间的大小。通常图像体积会直接影响到识别的速度，且通常算法在某一特定的图像体积范围内的表现最均衡，即 F1 值（精确率和召回率的调和平均）表现最好。

（2）图像分辨率（Image Resolution）

图像分辨率是图像中存储的信息量，是指每英寸图像内有多少个像素点。图像分辨率越低，识别越难，但高分辨率的图像本身体积较大，对运算会造成负担。可通过压缩技术进行图像处理，如可以根据图片内容不同（复杂图片更难压缩、简单图像更容易压缩），选择不同的压缩方法，压缩技术分为有损（常见如 JPEG 格式）和无损（常见如 PNG 格式）两种。产品经理需要提前了解这些参数范围和最佳实践结果，当遇到不同的图像采集设备时有不同的对策。

（3）图像外部采集环境

人脸部的光照环境、模糊程度（当被拍物体快速运动时易模糊）、遮挡程度、人脸图像采集角度都会影响识别效率。可通过摄像头自身的软/硬件进行优化处理，同时配合利用算法模型对脸部效果进行还原优化。

这一步中的所有关键技术环节和经验，都需要产品经理尽可能理解。尽管产品经理不需要知道实现的具体方法，但需要在模型训练的准备阶段就进行资源协调（包括和硬件厂商对接、协调客户现场环境或外部采购数据等），保证研发人员可以使用到高质量的训练集、验证集和测试集，尽量获取更多的高质量样本数据。反之，如果产品经理不懂数据采集的技术过程，那么在多方沟通和协同过程中，会由于缺乏专业的知识背景而造成沟通障碍。

2. 人脸检测（Face Detection）

人脸检测的目的是从图像中确定人脸的位置和大小。常见的人脸检测算法包括：Viola-Jones、Haar+AdaBoost、Cascade CNN 等。尽管算法的选取和模型调参过程中不需要产品经理亲自参与，但产品经理仍需要熟悉下面这些在人脸识别领域中特有的量化衡量标准。

检测率（True Positive Rate，TPR）：存在人脸且被检测出的图像在所有存在人脸图像中的比例。

漏检率（True Negative Rate，TNR）：存在人脸但是没有检测出的图像在所有存在人脸图像中的比例。

误检率（False Positive Rate，FPR）：不存在人脸但是检测出存在人脸的图像在所有不存在人脸图像中的比例。

产品经理需要了解行业内对产品质量/体验的衡量标准。在需求阶段需要用这样的标准进行产品需求描述，即量化产品目标。在后期产品验收以及产品上线后，和客户、老板之间的沟通过程中，都需要用到这方面的数据来量化产品质量。在每个领域中都有自身的专业术语和评价标准，产品经理需要充分理解，换句话说，产品经理需要用术语进行沟通。

3. 图像预处理（Image Pre-Processing）

图像预处理的目的是提高图像质量，尽可能去除或者减少光照、成像系统、外部环境等因素对图像的干扰，使它具有的特征能够明显地表现出来。主流的手段包括人脸图像的几何矫正、光照补偿、尺寸归一化、灰度变换、去噪、边界增强、提高对比度、直方图均衡化、中值滤波以及锐化等。当然，不同的识别对象由于场景、特征、外部条件的不同，对预处理技术的需求有不同的侧重点，例如车牌识别、CT 片识别与人像识别都是完全不同的领域。

在很多情况下，由于数据质量不能保证，如果垃圾数据输入到机器学习模型中，训练出来的结果也会很差。图像识别中的预处理，本质上是一种特定行业或场景中数据治理的手段，产品经理需要了解行业中特有的数据治理技术，并在实践中逐渐积累这方面的经验，包括不同数据类型治理的周期、需要投入的成本以及数据治理过程中可能遇到的阻碍等因素。

4．人脸图像特征提取（Feature Extraction of Face Image）

特征提取的目的是针对数据原始特征的缺陷，降低特征维数，提高分类器的设计与性能。每年都会出现新的人脸识别技术框架，例如 Naive-Deep Face Recognition、Deep ID、FaceNet 等。每种不同的算法框架都为识别准确率带来了革命性的进步，从某种程度上讲，对框架的选择决定了产品质量的好坏。人工智能产品经理不仅需要理解每种核心框架的基本逻辑，而且要了解框架之间的区别，对于前沿技术的发展要保持敏感度。人工智能产品经理需要找到用户需求和技术边界的交叉区域，保证产品技术领先性的同时，不断优化功能和用户体验。

5．人脸匹配与识别（Face Matching and Recognition）

很多人会将“检测”和“识别”弄混淆。需要弄清楚的是，前者是第一步，即判断“图中是否有人脸存在，如果有的话在什么位置”，而后者是将提取的人脸特征数据，与数据库中储存的特征模板进行搜索匹配，设定一个最佳的相似度阈值，当相似度超过该阈值时输出匹配后的结果，即判断人脸检测中的人脸是谁。

在识别场景中需要区别对待以下两种不同应用。

（1）一种应用叫做“人脸对比”，即计算两张人脸信息的相似度，从而判断这两张脸是否为同一个人，并给出相似度评分。比如在已知用户真实信息的情况下，帮助确认人脸是否为用户本人，即“1：1 身份验证”。通常这种功能被用在验证真实身份、人证合一等场景中，如手机人脸解锁场景和一些凭借人脸识别登录 App 的场景都是典型的 1：1 验证场景，目的是取代复杂的身份验证流程，保证了安全性的同时也实现了用户最简化操作。

（2）另外一种应用叫做“人脸检索”或称作“1：*N* 人脸检索”，给定一张照片，与指定人脸数据库中的 *N* 张人脸数据进行比对，通过将相似度量化，找出相似度最高的一张脸或多张人脸，并将这些信息返回给用户。除了检索一张人脸的情况以外，还有“$M:N$识别”，即当待识别的图片中存在多张人脸的情况，以一次请求，同时返回图片中所有人脸对应的用户信息和相似度值。Meta 中的 Photo Magic（照片魔术）功能，就是采用了一种叫做 DeepFace 的算法模型，识别用户上传照片中包含的他的好友，如图 6-6 所示。另外还有一种对安全标准要求更高的场景，可以通过活体检测的方式进行检索。通过机器学习识别活体及非活体的特征和差异，如屏幕反光，照片纸张边缘等，判断人脸图片是否来源于真人，方案可以有效防范睡觉攻击、闭眼照、以图片/视频翻拍、面具模型等欺骗手段。“人脸检索”已经被广泛应用于安防监控、门禁闸机、签到考勤等场景。

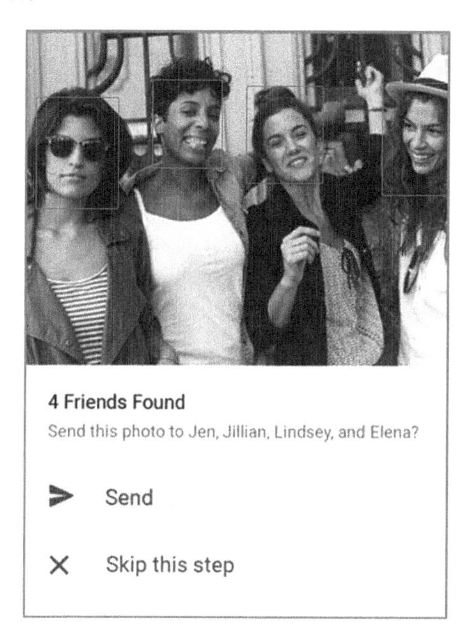

图 6-6　Meta 的照片魔术技术

6.2.4　判断技术切入点

当产品经理做了充足的技术预研后，接下来需要选择合理的技术方向，以建立竞争壁垒。不同的公司背景（经济实力、资源积累、技术积累等）决定了产品发力的方向。需要注意的是，切入点的选择不代表除了这个“点”以外的技术我们就不做了，在产品化和商业化过程中，市场竞争比拼的是综合实力，而切入点更像是充当了“市场敲门砖”的角色。

目前计算机视觉领域至少有两种切入点。第一种以“软件”作为切入点，如在产品实现过程中，所有环节中的算法实现都归属于软件切入点，目前市场中的大部分公司实际上都在这个领域竞争；还有一种是以自主研发“硬件+软件”作为切入点，如苹果公司的 Face ID 就不仅应用了大量的深度学习算法，而且自主研发并集成了环境及脸部感应器、投影扫描模块、深度摄像头以及苹果手机芯片进行深度视觉数据处理。

6.2.5 总结

以上内容就是一个完整的技术预研，产品经理进行技术预研的目的和研发人员不同，重点关注技术的趋势、领先性、主流算法框架的优劣，而且需要横向比较竞争对手之间的技术实现手段和重点产品参数，从中提炼出自身产品的优势。如果在某一技术环节中没有优势，那么就需要扬长避短，用产品的其他方面弥补，如用户体验、产品价格或其他附加值等。

产品经理需要将产品技术底层实现的方式，作为量化产品需求的依据和前提，例如在不同场景下，由于对数据的训练方式不同，数据来源不同，对硬件需求（包括芯片、存储等）的要求和集成方式也都不同。产品经理应依据技术实现方式，在数据获取阶段有侧重点地获取高质量的数据，提出合理的产品质量验证标准。

6.3 需求分析和产品设计

6.3.1 造成人工智能产品设计失败常见原因

在人工智能时代，需求分析和产品设计在底层技术的快速变革下也需要升级革新。当前市场上技术领先但产品认可度较低的现象屡见不鲜，很多用户对新技术的采用并没有感知，企业在新技术上的投入并没有成比例地转化为商业价值，造成这种结果的原因多是由于人工智能的产品设计理念与方式滞后于技术革新。尽管成功的产品设计方式各不相同，但失败的产品设计却惊人相似，下面归纳了几种造成人工智能产品设计失败的常见原因。

（1）技术驱动产品设计，即我有什么样的技术就做什么样的产品。

曾几何时，市场盲目追捧新技术的浮躁心态和价值观，造成很多公司不惜花费极高代价招聘人工智能技术工程师。尽管技术人才的积累及其给企业的背书确实可以帮助企业很容易地拿到融资，但也很容易给公司造成技术决定产品设计的局面。然而用户不会在乎产品是否使用了深度学习技术，更不在乎产品训练了多少亿条的数据，用户只在乎产品帮助他解决了什么问题，解决这个问题付出的代价是否可以被接受。

产品只有当切实地为用户解决场景中的具体问题时，用户才愿意买单。因此公司不能被市场或资本冲昏头脑，盲目寻求技术的革新而忽视了一个被证明无数次的道理：产品设计应从需求而非技术出发。摩托罗拉当年设计的“铱星系统”（如图 6-7 所示）就是典型的因为一味追求技术超前而导致产品“出师未捷身先死”的失败案例。

“铱星系统”是摩托罗拉公司提出的第一代真正依靠卫星通信系统提供联络的全球个人通信方式，旨在突破现有基于地面的蜂窝无线通信的局限，通过太空向任何地区、任何人提供语音、数据、传真及寻呼信息。尽管“铱星系统”的技术在当年是非常先进的，但忽略了用户体验，用户使用这种服务需要付出高昂的费用并忍受烦琐的操作流程。最终，由于推广困难和糟糕的产品体验，“铱星系统”被蜂窝地面通信技术方案抢占了市场，以失败告终。

图 6-7　铱星计划的示意图

（2）忽略用户期望管理，华而不实的产品功能造成用户失望。

当前市场上很多产品都挂上了人工智能的名头，以为这样可以为用户带来更多科技感，让用户感觉这样的产品与原来不同。但实际上这些产品很可能只解决了用户在整个体验流程中的某一个细小的环节，对于整体的效率和体验的提升极其有限，结果就造成了用户期望过高而以失望告终的糟糕体验。当这种产品被投放到市场后，很可能会导致用户对公司的品牌信任度大幅降低。

（3）单点突破带来的价值有限，与产品价格或需要用户付出的代价不成正比。

目前，尽管深度学习在图像识别、语音识别、自然语言处理、信息检索等很多领域都取得了突破，但在实际的应用中只能给产品带来“单点突破”，也就是说很多情况下产品只在某个具体的场景中发挥了价值，而不是整体解决方案。例如，绝大多数的家庭机器人的使用场景仍然相对单一，并没有形成刚需，仅仅依靠语音识别取代触碰式交互远不能满足用户的复杂需求。很多公司指望产品挂着人工智能的名号就能卖到高价，但是产品的性价比却得不到用户的认可，用户即便购买了产品，没用几天就会把产品扔到一边了。本书在第 1 章的 1.1.4 节中有关于产品化不同阶段的描述，家庭机器人这个案例就是一个典型的实现了产品化第一阶段，却无法进一步实现后续几个关键阶段的情况，即产品成功地宣传了价值，但很难传递价值和被用户持续认可。

（4）一味追求底层技术，而忽略了用户体验的优化。

产品的底层技术再好，如果缺少对用户体验的考虑，不仅产品价值无法让用户感知，复杂的或用户意料之外的糟糕体验反而会抵消新技术给产品带来的优化。例如，某些语音输入法尽管技术先进，却忽略了用户体验——其文字错字率仍然不低，而且经常出现标点、断句都不准的情况，对于用户来说还是需要经常切换成手动输入，用户体验还不如一开始就选择使用键盘输入。另外，一些广告推荐系统还会不考虑用户感受，而反复推荐用户买过的或浏览过的隐私产品，这不仅让用户感觉尴尬而且会有一种被侵犯隐私的感觉。

6.3.2 人工智能产品常见设计原则

随着语音识别技术、脑科学等领域技术的逐渐成熟，传感器的广泛应用，新的产品交互方式层出不穷。人机交互方式从命令行进化到图形界面，再到触屏控制，再到语音、计算机视觉以及脑波控制等，向着更自然、更简单的交互方式进行演变。尽管今天我们看到的大部分产品依然保持着传统的交互方式，但产品设计的思维需要产品经理同步迭代。

人工智能产品种类繁杂，没法用统一的流程进行描述，因此我仅列举一些通用的设计原则和思路供参考。

1. “少即是多”原则

人工智能时代产品的目标，包括提供个性化精准服务、提升效率和准确率、提升用户体验等，因此，尽管人工智能产品都有相对复杂的底层技术，反而需要产品经理在设计产品的时候尽量简化产品的功能模块、交互流程、界面元素、配色字体等。例如，一款电商平台的智能交互搜索引擎，需要提供包括搜索框提示（又称智能联想）、实时预测、个性化搜索推荐在内的多重功能，而为了实现根据用户行为进行个性化展示，底层的技术使用了深度强化学习、在线学习、自然语言理解、知识图谱等多种复杂技术，如图 6-8 所示。可无论背后的技术原理多么复杂，对于用户来说，其看到的只是一个搜索框而已。

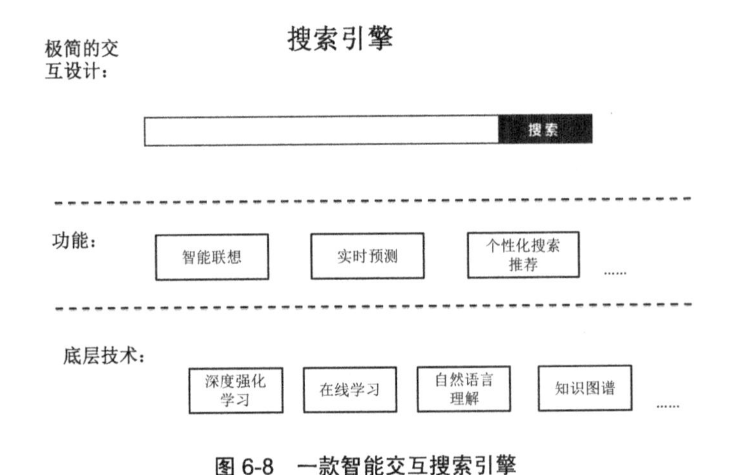

图 6-8　一款智能交互搜索引擎

“少即是多”的原则就是不考虑技术多么复杂，都要将用户在使用产品时的负担降到最低。反观市场上很多产品，为了展现技术的高深而故弄玄虚，往往弄巧成拙，本质上都是没有遵从“少即是多”的原则设计产品。产品经理应始终站在用户角度思考问题，降低产品的使用成本，提升交互效率，因为用户不关心产品使用了什么技术，他们在乎产品为他们解决了什么问题。

2. 从微观到宏观逐步深入

无论你的品牌有多大影响力，当你准备将你的第一个人工智能产品推向市场的时候，一定要考虑产品的成熟度是否会让用户难以接受，草率地试图通过人工智能产品或功能解决用户复杂场景问题往往效果不理想。

产品需要从微观到宏观，逐步满足用户的需求，当某个功能得到了用户普遍认可后再继续第二个功能，只有这样，才能在人工智能技术和产品并不成熟的今天占领用户心智。例如，对于一个新闻聚合类应用来说，一开始设计产品的时候需要从单个功能或价值单点突破，让用户感受到推送的新闻确实是个性化的，然后产品再考虑推送一些商品，当商品推荐后的购买转化率达到比较高后，再考虑加入一些其他的个性化服务。只有采用这样循序渐进策略，产品才能逐渐被用户的信任。

人工智能产品由于大多具备了一些预测能力以及“千人千面”的个性化识别能力，因此用户在刚开始使用产品的时候会感觉意外或怀疑，产品精准推荐或个性化服务需要经过时间的验证后才能逐渐取得用户的信任。

3. 放宽眼界，有效整合资源

人工智能产品经理应具备宽阔的视野，不仅要学会找到算法和用户需求的交叉点，而且要有意识地去修炼自己的软/硬件技术整合能力、跨行业技术融合能力、交叉文化理解和创新能力等。人工智能产品的形态和产品逻辑不应受到传统图形用户界面（Graphical User Interface，GUI）的局限。传感器的广泛应用和跨学科的技术融合提供了海量的数据类型和技术解决方案，让更多形式的产品交互方式成为了可能，比如语音交互、手势和表情识别，甚至脑电波控制等，都能让产品的设计思路突破禁锢。如图 6-9 所示，就是一款通过脑波控制机械臂的产品。

产品经理应学会整合新资源和新技术，并将之融入产品设计理念中，使用以用户为中心的设计方法，挖掘用户最自然的行为习惯，并以此设计人工智能产品。

图 6-9　通过脑波控制机械臂

4. 同理心

同理心是 EQ 理论的专有名词，它是指正确了解他人的感受和情绪，进而做到相互理解、关怀和情感上的融洽。具备同理心在设计任何一种产品的时候都是至关重要的素质，无数失败的产品都是由于设计者不具备同理心造成的。在这些失败的案例中，设计者常常执着于追求自己认为正确的需求，忽略了用户真实的需求。

人工智能产品由于具有比传统产品更复杂的技术架构和更高的研发投入，对用户需求理解的偏差可能会造成灾难性的损失。因此在设计人工智能产品时，产品经理应该学会换位思考，和用户产生共鸣并感同身受。一款成功的产品往往并不是依据用户明确提出的需求，而更多的是去响应用户还没有表达出来的需求。企业招聘人工智能产品经理时，应将同理心作为衡量候选人的重要标准之一。

同理心需要产品经理至少从以下三个维度和用户实现共鸣。

（1）认知共鸣

产品经理需要和用户在认知上达成一致。即用绝大多数用户的认知看待自己设计的产品，这需要产品经理放下自身的经历、经验，和用户站在一起。例如，人工智能产品通常是从数据中挖掘相关性，将预测和推断的结果直接用于产品，而传统的产品设计逻辑是产品经理花大量的时间和资源来寻找确定的因果关系。这种产品逻辑的变化对于用户的认知来说是一个巨大挑战，用户会关心：为什么会给我推荐这些文章？为什么明天的股票会跌？产品能够证明每种预测和推断的合理性吗？如果不能证明，我为什么要相信它？目前机器学习中有很多算法的可解释性很差，没人能解释产品的推断原理，因此产品经理需要充分考虑用户的这种传统逻辑认知并提出对应的解决方案，建立用户对产品的信任度。

（2）情感共鸣

产品经理需要感受用户的情感比如快乐、痛苦、无助、孤独、恐惧等。产品经理需要带着情感共鸣去设计产品，想象用户拿到这款产品后的感受，并为他们创造最佳感受体验。

（3）身体感受的共鸣

产品经理需要想象用户在使用产品时的身体感受，如给老年人设计产品 UI 时，需要充分考虑老年人的视力水平，尤其是长时间使用产品后的身体感受。

6.3.3 合理制定产品需求优先级

每个产品需求的输出一定要配有优先级，尤其是一些功能较多的迭代，或者是当产品要上线第一个版本时包含的需求较多的情况下，产品经理需要明确每个需求的优先级并解释其合理性。如果不能保证这些信息在每轮迭代前给团队传达清楚，并说服团队达成一致，研发人员通常会选择容易实现和部署的功能优先上线。因此，产品经理需要使用适合团队的优先级排序模型或规则。

下面就介绍几个优先级排序法。这里面没有最好的方法，产品经理需要根据实际情况选择最适合的。

1. 价值 vs 复杂度矩阵

你可以根据需求的价值和研发/部署的复杂程度对每个需求进行评估。将评估结果放置于二维矩阵中，如图 6-10 所示。这是一种被普遍接受的排序规则，在图中数字 1 所在象限代表价值最大且研发复杂程度较低的需求，这类需求优先级最高。数字 2 所在象限代表价值很大但同样研发复杂程度也较高，因此优先级排在第二位。数字 3 所在象限代表这部分需求优先级暂定较低，但是在某些情况下可以临时提升这些需求的优先级。数字 4 所在象限的需求是本阶段最低的，也就是可以暂时不考虑安排研发的需求。

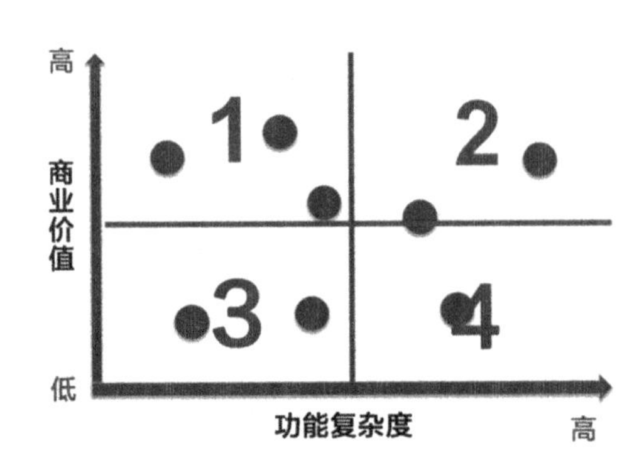

图 6-10 价值 vs 复杂度矩阵

2. 卡诺模型（Kano Model）

卡诺模型将需求分为三种，如图 6-11 所示，本质上这种模型是一种在不同阶段按产品目标倒推需求优先级的思维方式。

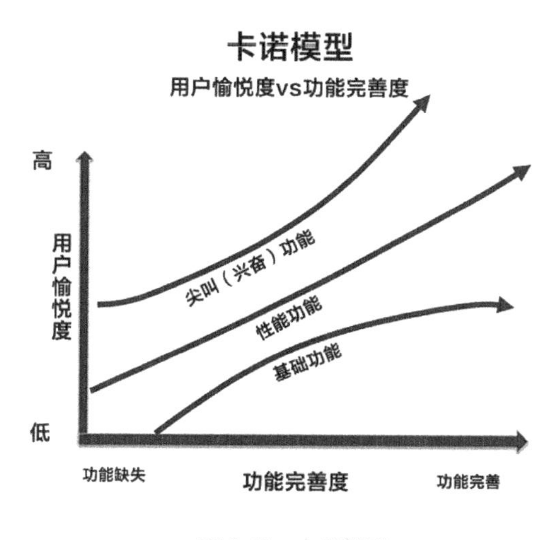

图 6-11　卡诺模型

（1）第一类，基础功能，代表产品进入市场的“基本门槛”，保证产品满足行业或用户普遍需求的最低标准。显然，之后继续在这类功能上投入研发，并不会显著提高客户的满意度或建立产品的竞争门槛，因此此类需求优先级较低。

（2）第二类，性能功能，即在实现了基础功能后，为了提升和优化产品性能而需要开发的产品需求。这类需求可以在一定程度上提升用户满意度，但与此同时大部分的竞争对手也会在这方面持续投入，这方面的投入产出比（ROI）通常近似线性。

（3）第三类，尖叫（兴奋）功能，即给用户创造喜悦和兴奋感受的功能。类似的功能可能是非常具有创造性的，也可能是一些细节上对用户表现出体贴或能够带来便利的功能。这类功能需要产品经理花费足够的精力去调研竞品、市场需求以及用户场景，需要在需求评审过程中让所有成员充分理解这类需求的重要性。

3．相似组分类法（Affinity Grouping）

相似组分类法是一种让团队成员取得一致的好办法，首先需要团队成员进行头脑风暴，尽量将能想出来的需求写在卡片上，然后团队一起将每个卡片按照内容相似度进行分组，并给每个组起好名字，最后团队共同为每个组进行投票打分，选出优先级最高的组和这个组里优先级最高的卡片。

4．加权得分法

加权得分法实际上是通过对不同需求进行多维度打分，横向对比综合加权得分并将得分最高的需求作为高优先级的一种量化衡量办法。产品需求打分板可以作为这种优先级排序法的一种实践工具，样例如图 6-12 所示。

		益处			成本		风险		
需求名称	产品线	增加收入	对客户的价值	战略价值	研发成本	实施成本		得分	排名
	权重	20	20	20	20	20	20	120	
1 ■ 新的管理控制台	移动产品线	1	4	2	2	4	1	72	4
2 ■ 安卓版本	架构项目	3	4	4	3	2	3	84	3
3 ■ 客户体验计划	Web产品线	3	5	3	2	2	1	96	1
4 ■ 云服务	架构项目	5	3	2	3	1	3	90	2

图 6-12　加权得分法中的需求打分板

在上图这个案例中，将参考因素分为三大类，分别是益处、成本、风险。其中益处又被分为三类分别是：增加收入、对客户的价值、战略价值。成本被分为两类：研发成本、实施成本。对每个因素可以进行 1～5 打分，分数越高代表该因素的影响力越大，或表现越明显。分数是相对值而非绝对值，也就是说打分过程中需要参考其他需求进行横向比较后给出相对分数。最终对每项需求的汇总分数进行排名，排名最高即需求优先级最高。打分板的结构和内容没有固定格式，产品经理可以选择个性化的参考因素并放入表中，并为该因素定义权重，这部分准备工作需要产品经理和各利益相关者（客户、研发人员、公司领导等）共同商量后决定，合理地制定打分板内容是决定加权得分法能否发挥作用的关键因素。

6.4 充分参与研发过程

由于本书主要针对人工智能产品，而机器学习是当前人工智能产品的主要实现手段，因此本节内容以机器学习的产品研发作为主要描述背景。

让产品经理参与研发，并不是让产品经理去设计数据库结构，也不是让产品经理进行深度学习模型调参，更不是让产品经理去写 Python 代码。参与研发，是指产品经理基于对需求和业务的理解，应该配合研发人员进行数据集的准备、模型训练、测试调优以及在研发过程中进行目标调整和优化。

很多人误以为，转型人工智能产品经理就是要学上面提到的这些编程和算法知识，然后将这些技能直接使用到项目中，而实际上，在机器学习产品研发的工程实践中，产品经理学习这些知识的目的并非直接使用，而是有另外两个重要目的。

（1）帮助研发工程师快速实现产品目标。

例如，通过对产品需求的准确传达，以缩短研发工程师找到最佳技术方案的时间；通过设定明确的产品短期和长期目标，以帮助研发经理制订准确的研发计划，帮助研发经理依据目标的优先级制定研发资源的分配策略；通过与公司内外部的数据管理和拥有者紧密合作，以确保研发团队可以在恰当的时候获得高质量的数据，便于研发制定正确的研发策略；还有制定明确的产品测试标准，并在产品测试阶段协助测试工程师对产品的 A/B 测试的结果进行评估并给出反馈。

（2）能够用非技术语言，将研发过程中的技术原理以及出现的问题及时与公司领导或客户进行沟通，以获取支持和认可。

例如，在机器学习模型训练过程中，由于技术的复杂性会导致出现很多计划外的工作量和效果，当老板提出质疑时，需要产品经理主动解释当前的状况，并结合其对市场竞争状况、用户需求的理解说服老板投入更多资源，为研发获得更多的支持。当某些预测模型的精准度不是特别高时，产品经理还应学会与客户进行技巧性的沟通，为产品争取更多的优化时间。

1. 提供优质数据

数据集（训练集、验证集、测试集）的选取可以决定算法拟合程度以及泛化能力。产品经理需要为研发提供优质的数据集，可以从产品的目标出发，即从产品的短期和长期目标倒推，需要获取什么样质量的数据。基于对业务的理解，产品经理应判断哪些数据集更具备代表性，优质数据集的局部特征和噪声都应该被控制到最小范围。

产品经理接着需要分析这些数据可以通过什么样的数据采集手段（比如传感器、数据对接、网络爬虫、商务采购等）获得。在每轮模型迭代之前，产品经理要选择工程师会关注的重点，重复上面的分析流程，以保证数据集能够更准确地模拟出应用场景。

接下来，产品经理在数据准备阶段和数据分析师、算法工程师一同完成数据获取、清洗、转换以及一些特殊的数据预处理工作。在这个阶段，产品经理扮演了一部分数据工程师的角色，因此需要产品经理掌握一些基础的数据库语言，并熟悉公司所使用的数据分析系统、数据传输系统以及数据仓库的基础使用方法。

2. 模型训练

由于机器学习过程是一个持续数据输入、模型持续调优的动态过程，产品经理应和算法工程师共同完成模型训练、模型调参后的效果校验，以及评估整个项目过程中可能遇到的风险。例如，在工程实践中，尤其是在一些陌生场景下，算法工程师也没办法保证模型训练达到目标要求（精确度、灵敏度、F 值及 AUC 等）所需要的训练周期、训练数据的质量和数量等，因此需要产品经理紧密配合算法工程师，并提供及时的帮助，当模型出现过拟合的时候有针对性地提供对训练数据方面的改良，在必要的时候甚至需要对模型效果期望进行调整。

3. 测试调优

机器学习产品和传统产品的研发逻辑流程有较大差异，这对测试人员提出了更高的要求，由于产品经理对技术边界和需求量化都有比较深刻的理解，因此需要与测试团队共同制定测试标准，并在产品上线前依据产品设定的目标进行产品交付质量的确认。产品经理可以从以下几个步骤入手并参与到测试过程中。

（1）模块拆分

考虑到机器学习产品在研发过程中性能的不稳定性，产品经理应帮助测试人员在撰写测试用例时将可测试模块最小化。

（2）制定清晰测试标准

产品经理需要事先对行业有深入的理解并尽量成为行业专家，只有这样才能制定每个模块的可量化的精确度或误差范围。制定合理的测试标准可以节省大量不必要的研发投入。

（3）引入“第三方”数据

使用多样化的数据维度进行测试往往能带来意想不到的效果。当然在必要的时候需要针对性地修改测试的标准，因为机器学习的泛化效果是公认的技术局限。

4. 目标管控

由于在产品研发开始之前，在数据集和算法方面的准备很难实现尽善尽美，新产品或新功能在被研发出来后，通常难以避免地会与需求定义中的标准存在出入。有可能基于当前的数据质量和算法调优能力，模型的精度提升潜力也已经很有限，故距离一开始设定的需求目标还有不小的距离。与之相对，如果在产品需求定义阶段过度保守，研发的实际结果反倒可能比预期要高很多。

面对这些工程实践中可能存在的偏差和变化，产品经理需要在项目实践过程中，关注实际开发出的产品表现和产品在规划设计阶段设定目标之间的距离。同时产品经理要考虑到市场形势的变化，在必要的时候进行随机应变的目标调整。例如，通过观察竞争对手的产品进展，为了在市场上取得更强竞争力，必须临时提高对模型精度的要求；或者为了抢夺先机，决定更快将产品投放市场，因此可能将产品上线的时间提前，这个时候就需要产品经理降低一定的产品期望（当然要设定好底线）。

总之，产品经理需要随时关注市场动向和研发过程，保证最后开发出的产品是有竞争力的，因为市场表现是检验产品优劣的唯一标准。

6.5 持续的产品运营

这里的产品运营是比互联网运营更广义的概念，除了用户运营，也包括产品上线后的包装、宣传，以及内部培训文档的撰写等一系列将产品正式推向市场的工作。

因为机器学习天生就不是一门精准的科学，目标本身也不是精准的，而往往是一种规律总结和趋势预测，所以在很多时候，产品经理应尽量持续评估产品在商业化和产品化方面的效果，动态调整算法模型的研发投入量。例如，有些时候商业化和产品化不必追求 99%甚至 100%的算法准确度，因为在某些情况下对于用户来说，哪怕 80%的准确度也已经够用，甚至超出他们意料了。毕竟，在很多领域或场景中，机器学习已经给人们带来了颠覆性的革新，而为了将精确度从 99%提升到 99.1%，其投入成本往往是实现从 0 提升到 99%的成本的上百倍。产品商业化的成功不仅仅对应用于产品中的技术提出了需求，也同样离不开对产品的持续运营。

第7章 方法论、沟通和CEO视角

纵观历史，我们会发现任何一个行业的高手或精英团队都拥有自己的方法论，他们不甘于在工作中做重复的机械劳动，当接触某个行业时，他们会主动在重复劳动中寻找规律并利用所总结的规律改善工作方法，提升效率。在机器学习中，我们通常使用术语过度拟合（Overfitting）和欠拟合（Underfitting）来评价机器学习模型的泛化能力，这两种情况同时也是机器学习算法表现不尽如人意的主要原因。

如果类比机器学习，界定高手和普通人的区别就是考量他们通过自身的经验建立起的“经验模型”的泛化能力。高手可以通过学习相对少量却有效的关键知识建立起自己的方法论，并将未来遇到的问题通过事先总结好的方法论进行归类和解决。而普通人则表现为看起来非常忙碌，但到最后没能总结出可以解决新问题的方法论；或者是不够勤奋（对应欠拟合现象），学习和总结得不够深入，到头来没形成自己的工作方法论，即每当遇到新的问题时，都需要重新熟悉和学习，无法利用过去的经验和知识解决新问题。

上面的这种现象在产品管理实践中表现得更为淋漓尽致。优秀的产品团队会快速总结规律并形成自身团队的管理方法论，而普通的产品团队往往只知道闷头干活，尽管也非常忙碌，却收效甚微。要想做高手，就需要根据公司的现状和领域背景创建自己的产品管理模式和方法论，因此需要产品经理以一种主动、刻意的态度去寻找这种规律。

本章首先介绍一种很有效的产品管理方法，即“端到端产品管理”；然后还会描述一种重要的沟通方式，即“跨部门沟通”；最后会分享一种全局产品管理视角，即“CEO 视角”。

7.1 蜕变的必经之路：端到端产品管理

“端到端产品管理”是一种包含产品定义（立项）、需求设计、产品研发、测试、发布、销售/运营在内的产品全生命周期管理方法论。不同公司对于产品经理的职责定义可能完全不同，甚至同一家公司在不同阶段的定义都不同。例如，有的公司会将产品经理分为“对外”和“对内”两种不同的角色，前者分配更多的时间给市场端和客户管理等工作，后者会将时间更多地分配到研发端。无论公司如何分工，假设团队中只有一个产品经理，如果将重心放置过于偏向“外部”或偏向“内部”，都可能导致产品管理的失败。为了避免这种情况发生，我们需要一种可以覆盖产品全生命周期的“套路”去规范公司的产品管理流程。

本质上“端到端产品管理”是一种方法论，也是一种思维模式。这种方法论的产生实际上是基于一个前提，即产品经理在公司中的定位：在公司中产品经理需要扮演润滑剂的角色，就像汽车一样——缺少润滑剂，每个零件再好，也没法保证长时间的快速运转。

例如，销售/运营人员因为所处的位置不同，看问题的方式也不同，常常会跟研发人员之间出现很多不可避免的误会和冲突。销售/运营人员很难理解功能实现的难度以及周期，而且大多情况下他们只在乎产品是否可以被用户认可，在市场上是否好卖；而技术人员会经常抱怨销售/运营人员提出的临时需求打乱了自己正常的工作节奏。这个时候就需要产品经理平衡多方的诉求和目标，实现整个产品管理流程效率的最大化，而“端到端产品管理”就是帮助产品经理实现这个目标的一种手段。下面就从三个关键方面介绍“端到端产品管理”的流程。

7.1.1 把握流程中的关键节点

产品管理本质上就是一种固化的流程，流程不仅保证了效率（责任分明、按规矩办事），而且稳定可控的流程也给创新提供了富饶的土壤。很多公司对于“敏捷”“小步快跑”“快速迭代”这些词望文生义，一味地追求产品管理的灵活机动，将“快”“跑”这种词的含义误解为随机应变、不遵循流程，造成了产品赶鸭子上架、临时拍脑袋想出个需求就上线的情况。由于产品管理缺少流程，每次产品迭代也很难实现经验和教训的积累，反复在同一个问题上跌倒重来，当公司中有人离职时，很多过去走过的弯路等到新人来后又要重走一遍。到最后，形成了“看起来大家都很忙，却往往有苦劳没功劳”的局面。

既然流程那么重要，那么第一步就是确定流程中的关键节点。产品管理流程通常可以被分为产品定义、产品设计、UI 设计、开发、测试、预发布、实验局、发布、持续运营这 9 个环节，当然并不是所有产品迭代都需要具备这些环节，产品经理需要自行把握。9 个环节中每个环节对应不同部门的不同岗位角色及责任分工，而每个角色负责在每个节点（需规定截止时间）输出不同的成果物（可以是文本文档、视频、设计图纸、原型等不同形态），如图 7-1 所示。

以一款 To B 产品为例，产品经理需要根据公司实际情况及产品属性进行有针对性的修改，请勿完全照搬。在这个流程中，明确了各环节的角色、对应的职责以及环节关键点（需要特殊强调的目标内容）。每个产品在迭代过程中无论周期多长，都可以用这样的流程图梳理团队中的现有资源。产品团队要做的就是保证每一轮的产品迭代都按照这样的分工和职责将流程贯彻执行。在很多关键节点上，产品团队担负起了负责人或评审人的角色，目的就是保证产品的各环节可以围绕迭代开始前的需求定义贯彻执行。

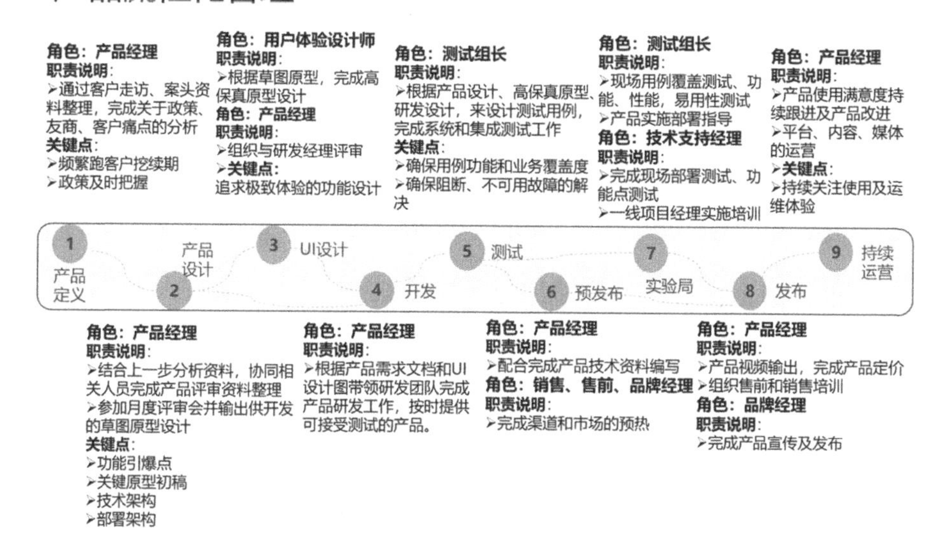

图 7-1 端到端产品管理

除此以外，当明确产品迭代周期和每个环节具体的截止时间后，可以用泳道图进行流程管理，如图 7-2 所示。

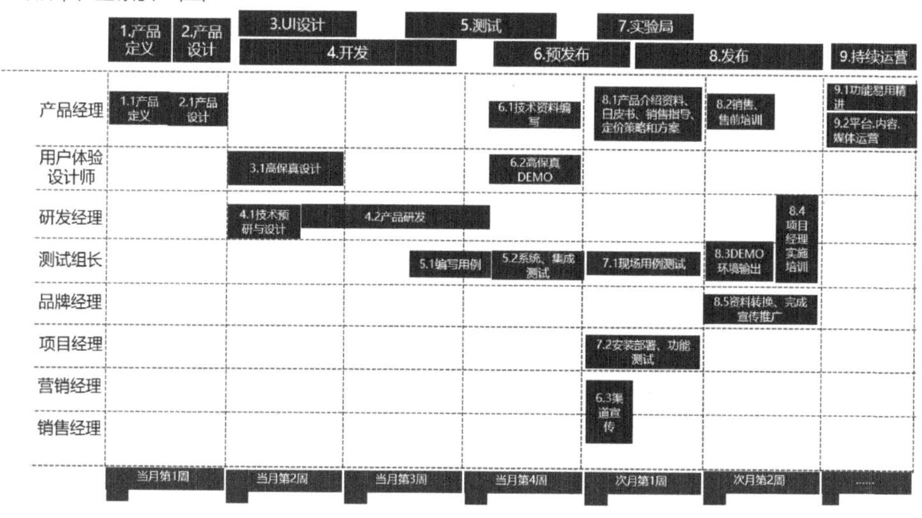

图 7-2 利用泳道图进行流程管理

图 7-2 的每个环节的时间节点仅作参考，每个产品可以设置自己的节奏。当月第一周结束前对产品经理输出的产品定义和设计（需求和原型设计）进行评审。

当月第二周开始，用户体验设计师和 UI 设计师对第一周评审后确定的最终产品需求和原型进行 UI 设计，并在当月第二周结束前输出高保真设计。同时，本周研发经理需要根据需求进行技术预研，此阶段的预研并非可行性研究，而是进行一些研发前的设计和准备，比如准备训练数据和进行数据库设计等，尤其是在人工智能产品研发过程中，产品经理需要协助研发经理一同完成研发前的准备工作。

在当月第二周的任何时间都可以开始进行研发工作。研发工作一直持续到第三周结束（根据具体情况可以延到当月第四周一开始），同时从当月第三周开始，测试组长就可以组织进行用例编写（这部分工作也可以提前）。

接下来，在当月第四周结束前，产品经理需要编写技术资料（包括使用手册、验收实施文档等），如果有“天使客户”可以部署，需要在当月第四周将实验局准备工作做好（包括天使客户沟通、协调资源和部署环境调研等）。同时，在当月第四周结束前需要测试组完成系统、集成测试；用户体验设计师完成产品 DEMO 的准备工作。

在次月的第一周结束前，需要产品经理完成所有该版本产品发布的准备资料，包括产品介绍资料、白皮书、销售指导、定价策略和方案等。在该周结束前还需要测试组和项目组（实施组）完成针对实验局的现场用例测试及安装部署、功能测试等，并采集用户使用反馈，将该反馈汇总成文档交给产品组。在该周还需要营销和销售部门完成对产品发布的宣传准备资料，并开始进行市场宣传。

从次月的第二周开始，产品经理需对销售和售前团队进行培训。测试人员进行 DEMO 环境输出，测试人员和研发人员共同完成对项目经理的培训，同时品牌经理需要完成宣传推广的方案，如果该版本需要举行产品发布会，还需要提前进行发布会的准备工作。最后，持续运营需要产品经理牵头对产品进行包装和输出相关运营文档，包括所有媒体及网站内容素材的准备和更新。

为了保证最佳效果，对于以上流程，我在实践过程中总结了以下几个经验。

（1）图 7-2 中每个环节的角色可以是一个人，也可以是一个团队。当你的团队规模不够大时，每个岗位的人数可能有限，因此工作可能比较繁重，尤其是产品经理在这个案例的每个月的迭代中因为存在很多并行的工作，所以时间紧张是一个挑战，如果条件允许的话，需要建立人员梯队储备。

（2）在流程第一环节“产品定义”中，需要产品经理参考产品的短期和长期的目标，再进行每轮的迭代内容设计。当迭代周期很短时，这种流程会让产品每轮实现的功能都很少，这就需要产品经理把产品长期目标拆分成短期目标，切勿只顾眼前的迭代工作而忽略了产品的总体目标。产品经理需要灵活把握迭代内容，如一个月的迭代周期内既可能完成一个复杂表单的功能，也可以完成 MVP（Minimum Viable Product，最小化可行产品），不能因为周期短、流程紧凑就忽略了长期规划。

（3）由于第一个环节“产品定义”和第二个环节“产品设计”直接决定了后期研发工作的规划和开展，因此产品经理应针对该迭代的内容，和研发经理就可行性及验收标准进行充分沟通并与其达成一致。在评审会开始之前，明确研发人员是否可以完成产品需求设计的所有内容，如果不能，需要产品经理根据实际情况修改产品设计方案，如研发人员可能会觉得功能太多，一个迭代完不成，那么产品经理就需要根据优先级对功能进行修改或删减。

7.1.2 评审阶段成果

“端到端产品管理”流程有两个关键价值。一个是由于迭代中每个环节的截止时间在一开始就已经确定好，因此每个迭代的进度都是可控的，有助于风险识别和清晰的责任判定。另一个关键价值是每个阶段截止日都会有基于成果物的评审，不仅实现了团队全员就目标及结果评价达成一致，而且保证了每个环节中成果物的质量，因此，成果评审对于整个流程来说至关重要，合理地设计阶段评审方案并坚持贯彻执行，是确保“端到端产品管理”流程效用最大化的前提。

依然以图 7-2 中的 To B 产品为例。由于产品设计和产品定义这两个环节的成果物决定了整个迭代的目标和设计方案，因此这两个环节的评审通常需要召集公司各部门代表及产品部门全体成员参加。此次评审主要针对本轮迭代的目标（如功能列表）、需求设计方案（如产品原型）及为完成该部分的需求制定的大致的研发计划（需研发经理给出该计划）。评审会结束后一般都会有修改建议，产品经理应在会上和各方达成一致并采纳一些有价值的建议，必要的时候可以再进行 *N* 次评审，直到评审通过为止。UI 设计、研发、测试、产品发布等环节均采用类似的评审流程。我总结了三个在评审过程中应格外注意的要点供参考。

（1）认真挑选评审委员会的成员。不同环节的评审对评审委员会成员的要求不同，因为每个环节实际上都是在传递成果物并进行类似“流水作业”的团队协同，这样的协同中存在成果物负责人和“成果物接收者”（或下一个环节的负责人）两种角色。

负责人有义务参考和部分接受“成果物接收者”对成果物提出的要求。例如，产品发布之前产品经理需要将产品介绍、白皮书、定价、销售指导等资料提供给售前人员和销售人员，那么产品经理就是负责人，而销售人员和售前人员就是“成果物接收者”。销售人员和售前人员为了在客户面前准确传达产品价值，需要产品经理将产品的功能特性、卖点、定价进行合理清晰的阐释，因此要求产品经理在制作这些产品的售前和销售资料时按照使用者的需求，而不是完全凭借主观臆断给出自认为合理的成果物。

如果不能站在销售人员和售前人员的角度换位思考，产品的特性很可能描述的过于技术化而非通俗易懂，这样售前人员和销售人员在跟客户传递价值的时候就会出现严重“信息丢包”的现象。这也是评审的最大价值，每个岗位的负责人都应具备同理心，站在下一个环节负责人的角度考虑什么样的成果物是他们需要的。

（2）通过制定各环节成果物标准模板提升评审效率。为了保证评审会的高效进行，公司需要将各环节模板固化，从而形成模板化的评审流程。在产品管理过程中可以通过模板来规范各环节的成果物，逐渐形成各环节成果物的检查清单，负责人只需要按照检查清单上的内容项逐一准备即可。

例如，产品的需求评审完全可以按照固定的内容格式进行，常规的评审内容包含产品定义、场景描述、痛点分析、尖叫点设计、体验设计、竞争分析、技术优势分析等模块。当产品管理流程中每个环节都有一套固定的文档体系后，你会发现不仅评审效率提升了，而且公司会通过这种方法积累自己的产品文档体系，当新人加入团队时，有助于其快速融入公司流程。因此，产品经理可以牵头在公司建立这样的文档模板体系。

（3）明确职责、不推诿。每个环节的目标和任务在整个管理流程中都和上下游紧密关联，这就保证了每个环节的职责明确，也避免了因职责不清造成的互相推诿。另外，无论是成果物质量还是截止时间都成为环节中对责任方强有力的监督手段，产品上线的延期、质量问题、产品上线后是否能满足用户的需求，以及产品运营和售卖成果都有明确的责任方，没有人可以推脱自己的责任。公司可以通过这样透明、边界清晰的流程管理制度对每个环节的责任人进行考核，并在实践中逐步制定评价标准。

7.1.3 复盘

自古以来便有“遭一蹶者得一便，经一事者长一智”的说法，用来形容经历的挫折不仅不是坏事，反而在总结了经验后可以增长智慧，变为好事。如果可以在每轮迭代结束后针对流程中每个环节进行复盘，对团队来说会是一种将经验转化为团队整体能力的良好习惯。

产品每天都面临着激烈的市场竞争、技术革新及用户的需求演变等外部挑战，因此“端到端产品管理”绝不仅仅是一种对内的管理方式，也是一种有效的市场竞争手段。通过回顾每个环节流转过程中遇到的问题，用全局视角审视每个环节做得好的地方和相对较差的方面，分析其中的原因并加以改进，这就是复盘的价值。一个优秀的团队能够在尽量少的迭代中总结经验并建立起自己的方法论，并将未来遇到的问题通过事先总结好的方法论进行归类和解决。因此，复盘对于团队来说至关重要。

一次标准的复盘可以分为如下三个环节。

（1）回顾目标，评估结果。团队可以在每轮迭代结束后基于产品迭代整体目标，和需求定义阶段对每个功能模块的目标，进行总体复盘回顾。另外，还可以依据每个环节的成果物质量标准对每个环节的成果物质量进行评价。尽管不是每个产品/功能目标都可以在迭代后立即验证，但可以为产品设定一些未来的验证时间点，便于对目标进行长期的跟踪管理。最后，团队还可以通过横向对比过往迭代中在相同环节中的表现进行效果评估。

（2）分析原因。在上一环节中通过对比差异，我们可以列举出可能造成整体目标正偏离或负偏离的潜在原因。接下来需要深入分析，找到影响目标达成的关键因素。往往原因并不那么容易被发现，因为产品管理流程中既有人的因素，也有外界环境的因素，这就需要团队根据公司内部的运行机制、资源配置情况及外部竞争环境等因素进行综合评估后找到原因。

（3）总结经验，指导实践。复盘的最后一步，是将对结果产生影响的原因进行归类并提出可以改善流程的行动建议。行动建议可能会覆盖各个部门的工作流程，公司可以安排专人跟踪各部门在未来迭代中的改善情况并及时反馈效果。对于刚开始使用“端到端产品管理”流程的公司，在前几个迭代的复盘环节中一定会暴露出很多缺陷。例如，由于公司投入的人力资源不足造成的产品上线频繁推迟，那么我们可以通过控制迭代内容或扩充研发资源改善这个问题；如果产品的销售和售前文档在市场上的实用性差，销售人员普遍反映在和客户的交流过程中很难传递产品价值，这就可以通过增加产品经理和客户的接触机会来加深对用户的理解，最终实现文档质量的改善。

总而言之，“端到端产品管理”流程是公司的知识资本，也是实现产品管理的一种有效的手段。当有新成员加入时可以通过该流程快速融入团队协作，节省了大量新人熟悉环境的时间成本。另外公司还可以通过这样的“套路”打通各部门的协作，从下至上地完成整个团队的工作流程梳理，在保证了产品敏捷性（Agility）的同时也实现了流程透明化，帮助公司领导随时随地掌握产品及团队的状态和进展。

7.2 跨部门沟通

谷歌在招聘机器学习产品经理的时候对候选人提出了一点明确要求，如图 7-3 所示。

Preferred qualifications:
- Machine Learning product experience
- Experience leading complex strategic and operational initiatives, working through technical, operational, legal/policy and business issue
- Ability to influence without authority, working with technical and cross-functional teams who do not report into this role to get things done
- Flourish with ambiguity, setting own goals and effectively delivering to them in a very fast-changing environment
- Excellent communication and presentation skills (writing PRDs and strategy docs, writing and delivering presentations, including to leadership)
- Ability to speak and write in Mandarin and English fluently and idiomatically.

图 7-3 谷歌机器学习产品经理候选人要求

翻译成中文即“具备无须通过公司内部权力影响技术团队和其他跨职能团队配合完成任务的能力。”这种能力便是跨部门沟通能力。无论是机器学习产品经理还是其他类型的产品经理，本质上都需要具备这种“软实力”。公司要想将“端到端产品管理”付诸实践并获得持续的收益需要产品经理具备这种“软实力”，协助各部门实现高效协同和资源优化。具备良好的跨部门沟通能力不仅是一种能力，更是产品经理通向成功的必经之路。本节我们就详细讨论一下什么是跨部门沟通，以及跨部门沟通的技巧。

7.2.1 什么是跨部门沟通

很显然，作为一个人工智能产品经理，在职能分工越来越细的今天，不可能通过一己之力实现产品或公司的成功。产品经理在任何一家公司中的权力范围都是有限的，当面对财务部门、销售部门、研发部门以及各种与产品生命周期有关的部门时，需要具备良好的沟通技巧才能顺利地得到各部门的支持和协同。在产品经理晋升为产品总监或公司的首席产品官后，依然需要具备这种能力，区别只是沟通协作的范围会被扩大到公司外部。产品人的职业生涯上升到一定高度后比拼的是内外部资源整合能力，因此如果你想在产品这条路上越走越远，需要现在就开始修炼这种能力。

跨部门沟通与其说是一种沟通能力，不如说是一种高超的管理手段。伦敦商学院的 Jay A. Conger 教授指出，这种“跨部门沟通”在管理学中被称为横向领导力（Lateral Leadership），是职业经理人最重要的技能之一，包括一系列具体的能力：良好的人际网络、紧密的联盟关系、说服别人的能力和谈判能力，如图 7-4 所示。接下来我具体描述下跨部门沟通中最重要的四种能力。

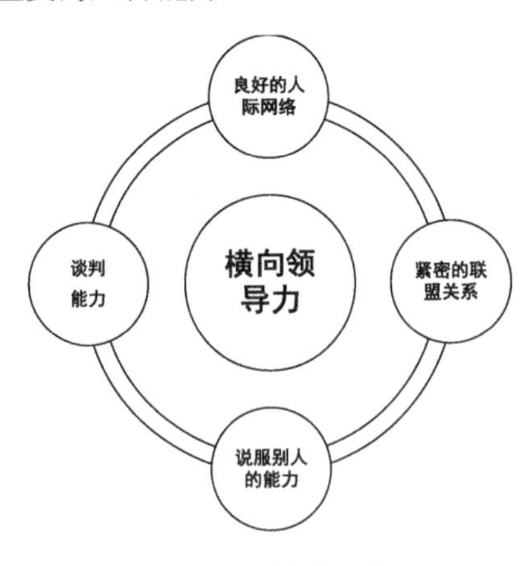

图 7-4　横向领导力

（1）良好的人际网络。产品经理需要与公司内外的人员建立广泛的关系网络，以支持其开展产品管理工作。例如，产品经理在进行需求分析的过程中，需要汲取行业市场动态以及专家知识，这就需要产品经理与行业内的专家及合作伙伴保持良好的关系与频繁的沟通。产品的上线运营不仅需要得到公司内部运营和市场部门的重视，而且在必要的时候需要动用个人在行业中的影响力，帮助产品快速实现运营效果。实现这些，都依赖于建立良好的人际网络。

（2）紧密的联盟关系。想取得横向领导力，需要通过和公司内部的人员建立联盟关系。联盟关系并不是指公司内部的政治斗争手段，而是一种互相认可并可以互利的关系。当一个决策被公司多个人支持的时候，一定比产品经理一个人坚持的时候具备更大的影响力。公司内部尤其是跨部门的盟友可以帮助你获得产品管理流程中各环节的支持，他们也是你最好的智囊团。尽管很多支持的工作在他们的职责范围内，但是当盟友们都发自内心希望你成功的时候，来自于他们的工作配合效率是远超日常的。

（3）说服别人的能力。如果你是产品经理，一定对说服力不陌生。在产品迭代评审会中，你一定会遇到你设计新的功能遭到多方反对的情况，如研发经理会强调某个功能实现起来很难，反对你将该功能放到一个迭代中，需要你进行拆分或延长迭代周期。当你发现算法部门需要更多的高质量数据才能训练出高质量模型时，你可能需要有合理的理由说服老板追加研发投入，通过外部采购一些高质量数据进行模型训练。无论是哪种情况，具备说服别人按照你的想法做事绝不是操纵别人的手段，而是一种在理解对方立场和利益诉求的前提下取得对方支持的技巧。

（4）谈判能力。产品经理在每个工作环节中都避免不了和各种角色进行谈判。例如，迭代计划的制定、产品目标的选取、产品非功能需求优先级、当产品冷启动时需要争取运营及市场经费的投入、从上游供应商手中采购产品硬件模块等，显然谈判能力在某种程度上决定了产品的成败。

7.2.2 跨部门沟通的技巧

在跨部门沟通中，想让那些跟你没有隶属关系的人帮助你或满足你的利益诉求，听起来很难，但有一些可以参考的技巧，帮助你实现上节提到的四个能力目标。

（1）无私助人

最容易建立信任的方式就是在别人需要的时候无私助人，如果你需要得到来自其他部门同事的帮助或建立别人对你的信任，那么你需要积累自己的“社交货币”。不要等到你需要和其他部门进行沟通，或希望得到他们的支持时才想起来帮助别人。你无须刻意地寻找这样的机会，只要养成见到别人遇到困难主动帮忙的习惯即可，在你需要兑现的时候随时可以将“社交货币”从银行中取出来。

产品经理具备的价值应该是多元化的，你能提供给别人的资源或帮助越多，你自然就能和越多部门的人建立起更好的关系网络。但是要注意，即使他们愿意接受你的帮助，你也要把他们当作你的用户一样对待，站在他们的立场上思考他们需要的是什么。尽量多地掌握他们的喜好、处境背后的原因，分析表面上的诉求是否是他们真正的需求或目的。如果忽视了这些，往往会弄巧成拙。

（2）沟通方式需要投其所好

不同部门里的不同角色都会受到部门目标、价值观、习惯、驱动力的影响而有不同的立场和做事方式，要想获得不同角色的支持，除要弄清楚你能给他们什么，还要弄清楚他们希望以什么样的方式和你进行“连接”，即应选择让对方接受并喜欢的沟通协作方式。例如，你可以在和对方展开沟通和协作之前弄清楚以下几点。

- 对方更喜欢正式的交流方式还是非正式的交流方式。
- 对方喜欢面对面的沟通还是喜欢通过手机或电子邮件沟通。
- 对方更喜欢将事件的上下文了解完整还是更喜欢直接说重点。
- 对方更喜欢听到以数据支撑为手段，客观谨慎地表达自身观点，还是希望通过主观的判断来表达。

- 对方更喜欢听到细节还是概括。

当然这几种沟通方式只覆盖了有限的几种情况，产品经理应学会了解公司各部门的运行机制、工作内容、分工情况以及历史背景等信息，并结合对方立场来选择最恰当的沟通方式。既然产品经理在设计产品的时候需要深入了解客户，从人性的角度把握用户需求，本质上对内沟通也是一样的道理，即把握人性、以最真诚的态度进行沟通。

（3）从公司利益出发

通常情况下，只要你能将你的诉求和沟通目标与公司的利益结合起来，你将比较容易地获得别人的支持。因为公司内绝大多数人还是希望看到你的主张能够对公司的成功起到正面影响，这种价值观还是普遍存在的。因此如果你沟通的出发点和态度都是以公司利益为导向的，会降低沟通上的阻力。

如果你是公司的老板，我想你应该希望看到公司有更多的员工具备跨部门沟通的能力，并且营造一个良好的团队沟通氛围，当无私助人、主动了解和尊重别人、一切以公司利益为出发点的这些团队文化散播到整个公司的时候，你一定会发现公司已经进入了一个良性循环。因此跨部门沟通技巧远不只是对优秀产品经理的要求，而应该作为一种企业文化进行推广和传承。

7.3 用 CEO 的视角进行产品管理

如果你能认真读完本章前两节的内容，你会发现你可以用一个全新的视角看待产品管理这件事了。7.1 节中的“端到端产品管理流程”要求产品经理具备产品全生命周期的管理和落地实现能力。7.2 节中的跨部门沟通要求产品经理不利用任何公司权力去影响他人并得到积极的响应。当你将这两种素质结合到一起时，你就具备了一个成功 CEO 所具备的必要技能。下面就解释一下什么叫“用 CEO 的视角进行产品管理”。

（1）创造令人信服的团队愿景

作为企业的 CEO 首要责任就是为企业制定愿景，并帮助每一个员工深刻理解愿景、看到未来，只有这样，企业才有可能将未来变成现实。CEO 描绘的愿景越清晰、越深入人心，组织的创造力和智慧越有可能被激发出来。

反之，仅靠“因为我是老板，所以你要按照我说的去做”这样的心态让所有人为 CEO 做事，一定会存在效率低下、缺乏创造力等弊端，在这种企业文化中，CEO 往往要插手管理企业中的每个运营细节，最终的结果就是所有人的目标都只是“让 CEO 开心”，而不是为了“让企业实现愿景”。这样的局面也导致 CEO 将时间都浪费在监督员工工作上，精疲力竭却收效甚微。

产品经理应当像一个成功的 CEO 一样，不厌其烦地和设计、研发团队描述并确认产品愿景，并尽量将产品的愿景印在团队每个人的心中。通过这种方式，产品经理最终可以实现在几乎不需要告诉团队实现手段的前提下，帮助团队达成产品愿景和目标。在日常工作中产品经理可能会经常抱怨“这个需求我已经跟研发团队确认很多次了，可他们总是不明白我想要什么”，出现这种状况的原因就是产品经理没能将产品愿景和目标跟团队反复沟通和确认。

（2）主动承担责任并以身作则

作为企业的 CEO，仅仅为团队制定了蓝图远远不够，还应该是那个有困难冲到最前线，说“兄弟们跟我一起上”的人，而不是那个说“给我上，兄弟们”的人。团队中谁都可以气馁，只有 CEO 不行，因为团队需要精神支柱，需要那个能够带着大家一起干活的人。产品经理和团队并肩作战的时候同样需要具备这样的素质，当产品陷入低潮或不被认可的时候，能够依然保持积极乐观的心态，无论何时都对自己的产品保持着浓厚的热情，这些行为和心态都会潜移默化地影响团队中的其他人。

乔布斯在苹果工作的时候就一直对那些看似细小但非常重要的用户体验元素非常重视，他还亲自参与麦金塔电脑（苹果公司的早期的个人电脑系列）外包装的设计，和设计师们一起探讨包装外观设计细节。经典的 iPod 和 iPhone 的包装设计理念也都有乔布斯的贡献。对于乔布斯来说，没有哪一处细节是无足轻重的，他的这种对产品的关注和热情不仅影响到当年他所在团队的所有成员，甚至一直到今天，苹果仍然是一家在设计方面追求极致的公司。

（3）主动争取一切资源并对结果负责

CEO 通过提交商业计划并向投资人申请融资以完成商业目标。CEO 要为整个公司的业绩负责，这是一件风险与机遇并存的基本商业逻辑。产品经理也是如此，在产品管理过程中，往往一开始并不能得到足够的资源（人、钱、数据等），这时候就需要主动承担风险去争取资源。尽管主动和老板争取资源意味着需要对结果负责，但是如果产品经理不去承担这个风险，恐怕公司在未来也不会赋予其更重要的使命，从而失去很多进步的机会。

在工作中，产品经理会经常遇到这种情况：公司老板想实现一个目标，产品经理评估后却发现团队的研发资源不足。这时候产品经理需要主动评估团队目前的资源状况，量化拆解老板的目标，并通过对市场状况、竞争对手的分析，将结论以一种非技术性的、可量化的方式汇报给老板，同时说明如果资源不能按时到位，将面临怎样的后果，这不仅要求产品经理站在产品本身的角度思考问题，还需要站在老板的角度替他考虑成本、投资风险、商业回报等问题。产品经理经常使用这种思维去工作和思考问题，一方面有助于构建完整的信息体系，通过充足的理由说服公司领导争取资源；另外一方面也有助于构建大局观。古话说“不谋万世者，不足谋一时；不谋全局者，不足谋一域”，产品经理的晋升和成长离不开自身对大局观的培养。

在当今时代背景下，几乎每家公司都需要对快速变化的科技和市场环境快速响应，领导者需要让员工在岗位上主动自发地做出对公司有益的决定，利用权力进行管理和下达命令意味着效率低下。产品经理在没有绝对权力的情况下更需要建立自己的影响力，激励团队成员共同努力奔赴这个愿景，这样的团队才具备强大的凝聚力和战斗力。这就是为什么产品经理能够成为未来 CEO 的训练营，在任何一家公司，从那些不向自己汇报甚至级别高于自己的人身上争取到支持和认同绝非易事，这是对沟通能力、资源管理能力、谈判能力、表达能力、人格魅力、专业能力等综合的考验。读到这里你一定感叹：这个神奇的职业实在是太难了！没错，但请坚信一点“你想变成什么样的人物，就站在他的角度想问题、做事，终有一日你会变成那个人。”

写在后面的话

在写这本书的过程中，感触最深的就是这个世界变化太快，人工智能飞速发展给原本就不平静的商业竞争、市场格局带来了更多未知。在全球范围内，无论是大公司还是小公司，无论是互联网公司还是传统企业，都在迫切地寻求和新技术的结合机会，而这种迫切程度已经显得有些浮躁，不少大公司有一种“倘若我今天不去搞个人工智能，明天我积累数年的商业壁垒就会瞬间崩塌”的感觉；新成立的小公司似乎也在这个时间点看到了“翻身做主”的好机会，试图通过新技术让自己弯道超车。于是这些公司迫切地在市场上寻找人工智能专家，来帮它们快速找到创新突破点，但实际上专家哪有那么好找，难道真的聘一个人工智能首席科学家就能“包治百病”吗？

在我看来，这个世界因为变化太快，用传统的商业经验、规律判断当下的市场机会和探索新的市场创新恐怕都显得力不从心，甚至将很多过去在产品管理创新、商业运作成功的经验拿到今天都会失效。面对瞬息万变的市场环境、日新月异的技术发展速度，似乎谁也不敢说自己是专家，谁也不敢拍胸脯说自己懂创新、懂市场竞争规律。去年看起来还是如日中天的大公司到了今年就要面对各种危机和不确定性，去年各种媒体争相报道的“明日之星”很可能不到一年时间里也黯然失色，甚至有些已深陷债务危机。历史总是惊人地相似，仿佛我们目前正面临着一个新的“工业革命”，而现在我们就处于这场变革来临前的混沌期。

正因为处在这样的时代背景中，导致无论是公司还是产品经理都面临焦虑，本书希望从某种程度上缓解这样的焦虑，尽量从混沌中寻找确定性。

人工智能时代，技术、商业模式、创新规律始终以飞快的速度发展和演变，如果产品经理想从这种变化中提升认知能力和创新意识，还需要吸收大量的知识，并不断从工程实践中提炼经验。本书提供了一种通用的产品设计、管理的逻辑思路，产品经理可以依据自身所在行业的特点，找到最适合自己的提升路径。

我相信，只要大家掌握了一定技巧并进行持续的学习和自我迭代，成为优秀的人工智能产品经理并不遥远。